Hjalmar Kause

Massivholzmöbel selber bauen

AUGUSTUS

Hjalmar Kause

Massivholzmöbel selber bauen

Bauanleitungen für eine komplette Wohnung

Inhalt

TEIL III: MÖBEL

Einleitung

In der heutigen Zeit, in der viele traditionelle Informationsschranken wegfallen, ergeben sich auch für den Einzelnen neue, innovative Handlungsmöglichkeiten. Die Möglichkeit der Vermittlung komplexer Vorgänge, beispielsweise durch das Internet, befähigt auch den handwerklich Interessierten zu Tätigkeiten, wie sie für Bauherren als Eigenleistung beim Hausbau bereits gang und gäbe sind.
Manche Arbeitstheoretiker sehen eine neue Zeit der Selbstversorgung auf hohem technischem Niveau kommen, ermöglicht oder auch notwendig durch das Ende der alten Arbeitswelt, problemlose Softwareübermittlung (Computerausdrucke von Bauplänen) und leichter verfügbare, weil billigere und effektivere Maschinen und Werkzeuge. Die Möglichkeiten dieser »neuen Arbeit« stehen so jedem offen.

Holz – das fünfte Element

Schon vor vielen Jahrtausenden hat der Mensch mit Holz umzugehen gelernt. Es fiel leichter, nützliche Dinge aus Holz zu machen als aus Stein – statt »Steinzeit« hätten die Archäologen besser den Begriff »Holzzeit« gewählt.
Bäume waren nicht nur Materialspender: Für die Chinesen ist Holz das fünfte Element, und in vielen alten Mythologien spielen Bäume eine wichtige Rolle. Aus Holz kann man fast alles herstellen. Im Lateinischen und Griechischen haben »Holz« (lat. *materia*) und »Mutter« (lat. *mater*) denselben Wortstamm – Holz als Mutter aller Dinge des täglichen Gebrauchs.
Wer nach den Vorschlägen in diesem Buch selber Dinge aus Holz fertigt, weiß sich in einer vieltausendjährigen Tradition der Holzbearbeitung. Und doch entsteht bei jeder Begegnung mit dem Material wieder etwas Neues. Und wenn Sie Glück haben und etwas Schönes zustande bringen, kann dieses Möbelstück gut einige Jahrzehnte überstehen – länger als ein Auto, länger als manches Haus.

Besinnung auf natürliche Materialien

Seit einiger Zeit wächst die Zahl der Menschen, die Möbel aus Massivholz bevorzugen und in ihrer Wohnung lebendige, natürliche und gesunde Materialien um sich haben wollen. Gewachsenes Holz, dessen Oberfläche nicht durch Lacke abgesperrt ist, hat warme Farben, fühlt sich angenehm an und verbessert Raumklima und Körpergefühl.
Dazu kommen noch Langlebigkeit – Möbel aus Holzfaserplatten halten kaum zwei Umzüge aus –, Reparaturfähigkeit, Wiederverwendbarkeit einzelner Teile und schließlich die unproblematische Entsorgung.
So reicht es eigentlich nicht aus, von einem »Landhausstil« zu sprechen. Die Entscheidung für Massiv-

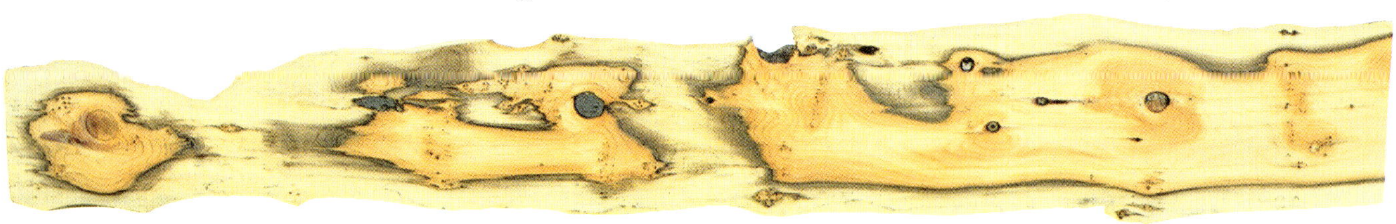

Eibenholz – das klassische Holz für Waffen und Werkzeuge. Schon der Ötztal-Mann hatte vor 6000 Jahren einen Bogen aus Eibenholz dabei. Das Holz lässt sich leicht glätten und zeigt geheimnisvolle Landkarten für Fantasiereisen.

Gedrechselte Schubladengriffe aus Eibe

holzmöbel kommt aus einem ökologischen Bewusstsein, bei dem es nicht um eine romantische Rückkehr zur Natur geht, sonder darum, dass man den sinnlichen Umgang mit natürlichen Materialien genießt; dabei werden heute durchaus auch Möbel aus anderen Werkstoffen zu Massivholzmöbeln gestellt und die Stile gemischt.
Ich schlage für die ersten Möbel Kiefernholz als Material vor, weil es sich gut bearbeiten lässt, leicht zu beschaffen ist und schön aussieht. Selbstverständlich können Sie die Möbel aus diesem Buch auch in anderem Holz nachbauen oder für ein Möbelstück verschiedene Hölzer verwenden, z. B. die Längsseiten einer Tischplatte mit zwei Leisten aus einem farbig abgesetzten Holz einfassen.

Eigenes Design verwirklichen

Die vorgestellten Möbel bestehen ganz aus Massivholz, nur für die Rückwände und Schubladenböden habe ich Birken- oder Pappelsperrholz verwendet. Der Bau der Möbelstücke erfordert keinen großen zeitlichen Aufwand, Sie benötigen dafür keine Lehrlingsausbildung und müssen keine komplizierten Fachausdrücke beherrschen.
Die Konstruktionen folgen einfachen technischen Regeln. Es werden einige handwerkliche Voraussetzungen vorgestellt, die Ihnen helfen sollen, Ihr eigenes Design zu verwirklichen.
Eine umfangreiche Ausrüstung an Werkzeug und Maschinen ist nicht notwendig, sodass sich die Kosten für eine Grundausstattung im Rahmen halten. Manche Maschinen sind preiswerter als der Stundenlohn eines Handwerkers.

Die komplette Möblierung selbst gefertigt

Wenn Sie alle Modelle aus diesem Buch nachbauen, können Sie damit Ihre Wohnung komplett möblieren.

Ein einfacher Kleiderschrank wird durch die Art der Gestaltung zum »Designerobjekt«.

Die Maße lassen sich problemlos variieren. Ich stelle in den Bauanleitungen einfache Variationen vor, die sich teilweise von den in den Abbildungen gezeigten Möbeln unterscheiden.
Die Möbel sind Grundmodelle. Mit Fantasie und ein wenig mehr Aufwand können Sie Ihren eigenen Stil hineinbringen, indem Sie z. B. andere Proportionen und Aufteilungen für Fächer, Schubladen und Türen wählen – und sei es nur durch die Art und Weise, wie Sie die Kanten abrunden. Bei einem Tisch z. B. erhält das ganze Möbelstück dadurch sogleich einen eigenen und individuellen Charakter. Gegenüber den übermächtigen Vorgaben des industriellen Ange-

bots, der Modetrends und der Konsumzwänge wird in diesem Buch eine einfache Möblierung vorgestellt, die aber Raum lässt für individuelle Gestaltung. Alle Bauanleitungen stellen jeweils Beispiele für die Anwendung eines bestimmten Konstruktionsprinzips dar und können entsprechend den eigenen Bedürfnissen und dem eigenen Geschmack verändert werden. Wenn Sie diesen Weg konsequent verfolgen, wird sich Ihre Wohnungseinrichtung bald wohltuend von den Massenprodukten schwedischer und anderer Möbelhäuser unterscheiden.

Teil I: Vorbereitungen

Die Werkstatt

Ihre Werkstatt sollte ein heller, gut beleuchteter, beheizbarer Raum sein, von außen gut zugänglich. Holz kann kräftige Farbkontraste vertragen, gönnen Sie sich also z. B. in Rot oder Blau bemalte Türen oder Fenster – schließlich ist auch der Baum vom Blau des Himmels, vom Abendrot, von silbrigem Wasser und bunten Wiesen umgeben. Holz muss in einem trockenen Raum gelagert werden; wenn Sie es geschickt stapeln, findet sich dafür fast immer Platz. Damit die Bretter gerade liegen und von allen Seiten Luft bekommen, legen Sie im Abstand von etwa 40 cm Stapellatten (Querschnitt 2 x 2 cm) dazwischen. An die Wand gelehnte Leisten und Bretter verziehen sich, werden dadurch unbrauchbar und fallen außerdem irgendwann um.

Der Stoff, aus dem unsere Möbelträume sind

Die Kiefer – der Feuerbaum

In der Sierra Nevada in Kalifornien wachsen Kiefern, die zur Zeit von Christi Geburt schon über 2000 Jahre alt waren. Kiefern und Birken waren die ersten Bäume, die in Mitteleuropa nach der letzten Eiszeit wieder die Steppen bewuchsen. Kiefernholz ist in unseren Wäldern ausreichend vorhanden, seine Verwendung gilt als ökologisch unbedenklich. Das Holz lässt sich leichter bearbeiten als Eiche oder Buche und es ist andererseits dichter und schwerer als Fichte oder Tanne.
Die deutsche Kiefer ist lebhaft gemasert. Das Holz ist harzreich, das macht es sogar für den Fensterbau geeignet. Fein geschliffen und geölt bekommt es eine fröhliche, ausdrucksvolle Oberfläche.
Kiefernholz riecht gut – das wird von den meisten Menschen so empfunden. Als würde eine Erinnerung daran bewahrt, dass hell brennende Kienspäne (die Kelten nannten die Kiefer den »Feuerbaum«) viele Jahrtausende lang nachts die einzige Lichtquelle in Höhlen und Bauernstuben waren.

Das Holz der Kiefer ist als Möbelholz begehrt.

Andere Hölzer

Fichte

Farbe: blass gelblich; preiswertes Bauholz, deshalb immer noch Hauptbestandteil unserer Nutzholzwälder. Zum Glück wird der »Waldacker« durch Bepflanzung mit verschiedenen Baumsorten allmählich zum Mischwald hin verändert.
Festigkeit und Dichte jeden Holzes sind immer auch standortabhängig. Fichtenholz ist generell weich, gut zu bearbeiten, allerdings auch faserig. Gleichmäßiger Wuchs; die Äste sind eher fest eingewachsen. Schwarz umrandete Äste fallen immer irgendwann raus. Kiefer hat mehr davon als Fichte.

Lärche

Farbe: braun-rötlich, lebhaft. Für den Außenbereich geeignet. Harzreich, hart und schwer, etwas spröde, nicht leicht zu bearbeiten. Für Schrauben sollte vorgebohrt werden.
Wer schon einmal einen Stapel Lärchenbretter aufgesetzt hat, musste sicher hinterher mit einer Pinzette Splitter aus der Hand ziehen. »Das Holz beißt«, sagte mir einmal ein Sägewerker. Scharfkantig gehobelte Bretter können regelrechte Schnittverletzungen zufügen.

Douglasie

Farbe: heller und rötlicher als Lärche, manchmal geht der Farbton fast ins Lachsfarbene. Gleichmäßigerer Wuchs als Lärche, lässt sich leichter verarbeiten. Vor allem hat das Holz nicht so viele Risse und Harzinseln, deshalb besser geeignet für Gartenmöbel. Auch für die Außenverbretterung von Häusern bevorzugt. Mit Lärche oder Douglasie lassen sich, weil strukturell ähnlich, bei Kiefernmöbeln gut farbige Akzente setzen, z. B. bei Griffen, Leisten, Knöpfen, Riegeln.

Buche

Eigentlich der typische Baum des deutschen Waldes. Das Holz ist gleichmäßig blassbraun, fest und dicht gewachsen; klassisches Möbelholz mit wertbeständigen Eigenschaften, vor allem für den Bau von Stühlen eingesetzt (raffinierte Bearbeitungsvariante: die gebogenen Thonet-Kaffeehausstühle).
Interessantere rötlich-lebhafte Färbung hat die als minderwertig erachtete Rotkernbuche; die Färbung wird noch intensiver, wenn die Oberfläche durch Ölen »angefeuert« wird – das ergibt z. B. eine

interessante und sehr haltbare Tischplatte. Rotkernbuche ist meist billig zu erstehen.
Ansonsten ist Buche ein Hartholz und verzieht sich leicht, stellt entsprechende Anforderungen an professionelle Trocknung und Bearbeitung.

Eiche

Farbe: ein fades Grau-Braun (wie ich finde); kann aber, wie auch andere Hölzer, interessant werden durch die farbvertiefende Wirkung des Ölens. Wunderschön kognakfarben kann das Holz alter Eichenbalken sein. Wenn es Ihnen gelingt, die Sägerei dazu zu bringen, ein paar solch alte Scheunenbalken aufzusägen (die sind meist frei von Nägeln), haben Sie einen Schatz in der Werkstatt – vielleicht für eine Esstischplatte, die Generationen überdauert.

Obsthölzer (Kirsche, Pflaume, Apfel, Birne)

Wenn Sie ein kurzes, z. B. 50–60 cm langes Stammstück ergattert haben, möglichst gleich durch den Kern aufspalten (mit Keil und Spaltaxt), damit der Stamm beim Trocknen nicht reißt.
Das Holz von Obsthölzern steht oft unter starker Spannung, deshalb Vorsicht beim Aufsägen: erst abrichten, sodass eine glatte Auflage entsteht, dann mit einer großen Bandsäge 35 mm dicke Leisten schneiden – aber das überlassen Sie vielleicht besser dem Profi in der Schreinerei oder Sägerei. Diese Leisten lassen Sie zwei Jahre trocknen, dann können Sie daraus Schubladenvorderstücke, Griffe oder Schmuckleisten herstellen.

Weymouthkiefer – ein Lobgesang

Ein Holz, das mit seinen verarbeitungsfreundlichen Eigenschaften zum Erfolgserlebnis beiträgt, deshalb für erste Arbeitsvorhaben wärmstens zu empfehlen. Die Modelle für dieses Buch wurden aus Weymouthkiefer gefertigt.
Der Baum wurde im 19. Jahrhundert aus Nordamerika bei uns eingeführt. Das Holz dieser Kiefernart ist auffallend leicht, es wird deshalb auch das »deutsche Balsaholz« genannt. Am wenigsten von allen Weichhölzern verzieht es sich oder schwindet, das macht es geeignet z. B. für die Lamellen beim Bau von Jalousien. Durch seine gleichmäßige Struktur ist es ideal für die Arbeit von Schnitzern und auch von Drechslern. – Alemannische Fastnachtsmasken werden traditionell aus diesem Holz geschnitzt, weil die langen Nasen nicht so leicht abbrechen.
Das Holz der Weymouthkiefer ist zäh; es lässt sich nageln und schrauben, ohne dass es gleich reißt. Weil es so gut »steht«, wird es als »Spaltenware« zu weniger als 1 cm dicken Platten heruntergehobelt und z. B. für die Herstellung von Schmuckkästchen verwendet. Auch wenn es mit Stoff bezogen wird, fühlt es sich immer noch anders an als ein Plastikbehälter.

Aufsatzschrank aus Kiefer.

Für Möbel, vor allem für Tischplatten, ist es etwas weich, es sei denn, man stört sich nicht an Gebrauchsspuren. Weil das Holz nicht spröde ist, sind Druckstellen und Kratzer nicht so tragisch, zumal sie sich bei geölten Oberflächen ohne großen Aufwand beseitigen lassen.
Es ist auch angenehm, wenn Möbel aufgrund ihres geringen Gewichts leicht zu verrücken sind, z. B. Stühle und Tische. Daher ist das Holz auch für Kindermöbel gut geeignet. Von allen Hölzern hat es meiner Meinung nach das schönste Aroma, ein milder, leicht harziger Honigduft. Kein Wunder, dass es gerne von Imkern für den Bau ihrer Gerätschaften, z. B. für Wabenrahmen, genommen wird.
An Honig erinnert auch seine Farbe: ein helles, gleichmäßiges Gelb, manchmal mit einem hellen Ziegelrot dabei.

Materialbeschaffung und Vorfertigung

Sie können Ihr Holz natürlich in der Holzhandlung kaufen. Ich schlage Ihnen aber vor, einen Ausflug aufs Land zu machen und mit Hilfe des Branchenverzeichnisses eine möglichst kleine Sägerei zu suchen – es gibt sie noch. Fichten- und Kiefernbretter gibt es meist vorrätig, manchmal auch andere Schätze, womöglich Obsthölzer, die schon lange liegen. Kaufen Sie nur Holz, das mit Stapellatten aufgesetzt ist und schon mindestens ein Jahr trocken und luftig liegt. Sie müssen nun den Sägewerker dazu bringen, dass er Ihnen die 25, 35 und 55 mm dicken und etwa 220 cm langen Bretter, die Sie brauchen, mit der großen Maschine sauber aushobelt, dass sie auf eine Dicke von etwa 20, 30 und 50 mm kommen. Mit diesen Formaten können Sie fast alles bauen.
Vielleicht können Sie später einmal von der Sägerei – leider machen das immer weniger – im »Lohnschnitt« einen ganzen Stamm aufsägen lassen und selber lagern, dann wird die Sache billiger.
Wenn nur ungehobelte Bretter zu haben sind, machen Sie in Ihrer Umgebung einen Betrieb ausfindig, in dem es eine Hobelmaschine gibt. Um später Platten selber zu verleimen, müssen Sie die Bretter vorher auf der »Abrichte« bearbeiten, d. h. die Schmalkanten gerade hobeln, und später dann die Plattenteile durch die »Dickte« schieben. Sie brauchen also in jedem Fall die Möglichkeit, eine große Hobelmaschine zu benutzen. Oder Sie kaufen sich selber eine Kombi-Hobelmaschine, vielleicht zusammen mit Freunden. Das kostet etwa so viel wie eine gemeinsame Urlaubsreise – und macht auf Dauer mehr Spaß.

Werkzeug

Um Möbel zu bauen, brauchen Sie kaum mehr, als jeder Freizeit-Handwerker in seiner Kellerwerkstatt hat. Wenn Sie bereits ein paar handwerkliche Versuche hinter sich haben, werden Sie das meiste Werkzeug sowieso schon besitzen. Bei Neuanschaffungen kaufen Sie Werkzeuge mittlerer Qualität. Achten Sie darauf, dass die Maschinen nicht zu schwer sind, leise laufen und gut in der Hand liegen.
Beim Kauf von Zubehör sollten Sie allerdings nicht am falschen Platz sparen. Kaufen Sie das Beste, das Sie bekommen können. Das gilt z. B. für Sägeblätter, Einsätze für Akkuschrauber, Schleifmaterial.

Elektrogeräte

Eine leise laufende **Handkreissäge** werden Sie kaum finden; nehmen Sie eine kleine, die gerade noch ein 50 mm dickes Brett schafft. Handkreissägen klemmen leicht ein und schlagen dann nach hinten. Es ist wichtig, dass das zu sägende Stück gut aufliegt. Überhaupt: Beachten Sie die Sicherheitshinweise des Herstellers, wenn Sie mit Elektrowerkzeugen arbeiten. Bringen Sie niemals Ihre Hände in die Nähe des laufenden Sägeblatts und spannen Sie die Werkstücke zum Sägen sicher ein. Als **Bohrmaschine** empfehle ich ein Gerät mit elektronischer Steuerung, das ermöglicht gefühlvolles Bohren.

Bei der **Stichsäge** achten Sie besonders auf Handlichkeit und gönnen Sie sich ruhig eine mit Pendelhub, die sägt erheblich flotter. Wichtig ist auch, dass das Sägeblatt deutlich zu sehen ist, sodass Sie während der Arbeit den Sägeschnitt beobachten können.
Die **Bandschleifmaschine** versuchen Sie vor dem Kauf mit einer Hand anzuheben: Die Maschine darf nicht zu schwer sein, sonst schmerzen irgendwann die Handgelenke. Außerdem sollte sie nicht zu laut sein; manche Modelle lassen ein hohes, schrilles Kreischen hören, das wirkt auf die Dauer übertrieben dramatisch.

TIPP

Der Bandschleifer wird mit laufendem Motor auf die Holzoberfläche gesetzt. Schleifen Sie nie quer zur Faserrichtung.

Mit einem **Schwingschleifer** können Sie Kanten perfekt runden. Sie sollten ihn aber nicht, auch nicht ausnahmsweise, für Flächen verwenden, weil er dort gern ein zierliches Kratzmuster hinterlässt, das oft erst auf der fertig behandelten Oberfläche bei bestimmtem Lichteinfall sichtbar wird.
Sehr nützlich ist ein **Exzenterschleifer.** Er hinterlässt nicht so leicht Spuren wie die anderen Schleifgeräte und ist, mit 60er- oder 80er-Papier bespannt, ideal z. B. fürs Wegschleifen der »Hobelschläge«, wenn Sie die Möbelteile zugesägt haben und mit dem Zusammenbau beginnen wollen.
Wenn die Stellen gut zugänglich sind, ist es aber oft einfacher, die letzten Schleifarbeiten am fertig montierten Möbel vorzunehmen. Das betrifft vor allem die »Benutzerstellen« wie Sitzkanten oder Armlehnen, die am meisten angefasst werden.
Leisten Sie sich einen **Akkuschrauber,** möglichst mit zwei Akkus, damit Sie die Arbeit nicht dauernd durch Aufladezeiten unterbrechen müssen. Kaufen Sie den besten und teuersten Bit (Schrauberspitze), den Sie kriegen können, und bewahren Sie einen Ersatzbit im Portemonnaie auf.
Eine **Oberfräse** wird gebraucht, um z. B. das Bett für ein Scharnier sauber auszufräsen oder um schadhafte Stellen im Holz auszuheben und mit einem gerundeten Holzplättchen auszuflicken. Mit den entsprechenden Fräsköpfen können Sie damit auch verschiedenste Kantenprofile herstellen.

Stationäre Schleifeinrichtung: ein Recycling-Aggregat

Eine Maschine mit vielfältigen Nutzungsmöglichkeiten lässt sich aus dem Motor einer ausrangierten Wäscheschleuder fertigen. Ein solcher Motor läuft fast geräuschlos. Die Herstellung ist eine echte Herausforderung für Tüftler, weil es keinen genormten oder standardisierten »Erweiterungsbausatz« gibt, mit dem Sie aus dem Motor ein Schleifaggregat machen.
Auf die Achse wird ein Bohrfutter geschraubt, in das Sie einen Gummiteller mit Schleifscheibe (Durchmesser 15 cm) einspannen. Wenn Sie starre Schleifteller verwenden, die nicht gleich wegfliegen, können Sie mit dieser Vorrichtung Kanten brechen oder abrunden und sogar Griffe aus Holz oder Holznägel herstellen.
Den Motor montieren Sie waagerecht auf einen kleinen stabilen Tisch. Achten Sie auf die richtige Arbeitshöhe – etwa Hosengürtelhöhe – und darauf, dass Sie genug Bewegungsfreiheit haben, um ein zu schleifendes Brett auch mal umzudrehen.
Wenn Sie zu dieser Bastelei keine Lust haben, können Sie eine solche Einrichtung auch im Baumarkt kaufen. Dort nennt sie sich z. B. »stationäres Bohr-, Fräs- und Schleifcenter«.
Unbedingt notwendig ist diese Maschine nicht. Sie können für dieselben Schleifaufgaben auch Ihren Bandschleifer nehmen, den Sie nötigenfalls stationär in eine Halterung einbauen, die Sie als Zubehör kaufen können.

Tischkreissäge

Der Kreissäge wird ein eigener Abschnitt gewidmet, weil sie das wichtigste Werkzeug ist. Mit ihrer Erfindung vor rund 200 Jahren (»eine Säge ohne Ende«) wurde das Tempo der Holzbearbeitung ungeheuer beschleunigt: Die Muskelkraft wurde von Maschinenkraft abgelöst.
Mit der Kreissäge kann man nicht nur etwas einfach absägen; mit entsprechender Erfahrung lassen sich

damit auch Zapfen, Nuten, Hohlkehlleisten usw. herstellen.
Wenn sich das Sägeblatt durch das Holz frisst, macht das eine Menge Lärm, deshalb sollte die Säge im Leerlauf möglichst leise sein. Kaufen Sie ein gutes Hartmetallsägeblatt, das für Längs- und Querschnitte geeignet ist.
Die Säge muss eine Schnellabschaltung haben, der Arbeitstisch sollte nicht zu klein sein. Parallel- und Winkelanschlag sollten einen stabilen Eindruck machen und sich gut einstellen lassen; bei Bedarf geben Sie einige Tropfen Öl auf die Stellschraube. Das Sägeblatt sollte einfach und schnell in der Höhe zu verstellen sein. Bei manchen Modellen klemmt man sich dabei leicht die Finger, also vor dem Kauf ausprobieren.
Sie brauchen keine Skalen oder Feineinstellungen an der Kreissäge. Die Höhe des Sägeblatts oder den Parallelabstand messen Sie am besten direkt am Sägeblatt mit dem Zollstock oder mit einer Schablone, die Sie sich für wiederkehrende Arbeiten selbst herstellen können; dabei muss die Maschine, die keinen Spaß versteht, natürlich abgestellt sein.
Für Ihre Zwecke genügt also eine kleine, einfach zu bedienende Maschine, die in der Werkstatt einen festen, gut beleuchteten Platz haben sollte und von allen Seiten gut zugänglich sein muss. Der Sägetisch sollte möglichst groß sein. Falls nötig, vergrößern Sie ihn mit beschichteten Pressspanplatten, vor allem in der Länge, damit gesägte Teile nicht gleich herunterkippen. Wichtig ist außerdem eine bequeme und sichere Ablage für das zu sägende Material sowie für Parallel- und Queranschlag.

Je schärfer, desto sicherer

Wenn sich die Zähne des Sägeblattes eine Gasse durch das Holz bahnen, ist das grundsätzlich eine recht gewalttätige Sache. So entsteht der Säge-»Schnitt«, der umso effektiver ist, je schärfer und – bei einfachen Stahlsägeblättern – besser geschränkt das Blatt ist: Bei einem geschränkten Sägeblatt weisen die Zähne abwechselnd ein wenig nach links und nach rechts, damit sie sich Raum schaffen und das Blatt nicht einklemmt. Bei hartmetallbestückten Sägeblättern sind aus diesem Grund die Zähne etwas dicker als das Sägeblatt. Sie schneiden sauberer und haben eine wesentlich längere Standzeit.
Sie werden ein Gespür dafür entwickeln, wann das Sägeblatt stumpf geworden ist und geschärft werden muss. Dies zu tun liegt in Ihrem eigenen Interesse, denn je mehr Kraft Sie aufwenden müssen, um Holz durch ein stumpfes Sägeblatt zu schieben, desto größer ist die Gefahr, dass Sie einmal abrutschen und sich ernsthaft verletzen.

Nur eine Holzfaserplatte sägt sich immer gleich

Holz ist ein prinzipiell ungleichmäßiges, weil lebendig gewachsenes Material – auch wenn Sie ein noch so gerades, astfreies Brett in den Händen halten.
Sehen Sie sich daher das Holz genau an, bevor Sie es durch die Säge schicken. Rissige Bretter gehören in den Ofen! Bei astigem Holz müssen Sie damit rechnen, dass der Ast mit einem Knall herausgeschlagen

Mit geringem Zeitaufwand herzustellen. Ein schlichtes, stabiles und zerlegbares Bett. Dient als Grundmodell für 1001 Variationen.

wird – jeder schwarz umrandete Ast fällt irgendwann heraus. Propellerartig verzogene Bretter sind vor dem Sägen unbedingt abzurichten, damit sie auf dem Sägetisch glatt aufliegen. Spannungsreiche Bretter klemmen leicht ein. Das kann dazu führen, dass der Elektromotor nur noch ein Brummen von sich gibt; dann müssen Sie ihn schnell ausschalten. Einklemmen kann auch ein schmaler, spitzwinkliger Span, den Sie abgeschnitten haben, und zwar zwischen Sägetisch und vorderer Hälfte des Sägeblatts.
Wenn Sie widerspenstige Leisten mit eng eingestelltem Parallelanschlag der Länge nach auftrennen, kann es passieren, dass die abgetrennte Leiste im hinteren Bereich des Sägeblattes kurz einklemmt und im nächsten Moment mit der Gewalt einer mittelalterlichen Steinschleuder nach vorn, also in die Richtung, wo Sie stehen, geschleudert wird. Es ist daher anzuraten, sich bei Längsschnitten immer seitlich vor die Säge zu stellen. Ich möchte auch aus diesem Grund davon abraten, sich gleich eine schwere, zu starke Säge zu kaufen.

Nachdrücklich, aber mit Gefühl

Der Kreissäge ist mit Respekt und Gefühl zu begegnen. Zwar hat die Säge nichts Unberechenbares, aber im Umgang mit ihr muss man gewisse Regeln beachten. Das Wichtigste bei der Arbeit an der Kreissäge ist das Gefühl für den Sägevorgang selbst, für den Widerstand des Holzes und die Sicherheitsreserven.

Regeln:

- Niemals bei (aus-)laufender Säge hinter das Sägeblatt greifen, um dort Abschnitte wegzunehmen.
- Niemals mit den Händen, die das Werkstück halten, hemmungslos in Richtung Sägeblatt drücken. Bei schmalen Teilen immer Schiebehölzer benutzen.
- Niemals das Holz mit den Fingern zu dicht am Sägeblatt vorbeischieben.
- Niemals auf dem Boden vor der Säge Abfälle liegen lassen.
- Niemals schnell an die Säge herantreten, um mal eben was abzusägen.
- Immer vor dem Sägen einen Moment des Innehaltens und der Konzentration einkehren lassen; schließlich ist das auch der letzte Moment, in dem Sie vermeiden können, das letzte Regalbrett oder etwas wirklich Unwiederbringliches aus Versehen zu kurz abzusägen.

Die Werkstatt – ein Ort der Ruhe

Die Werkstatt sollte ein Ort der Konzentration sein – auch das kann entspannen –, keinesfalls ein Ort, wo man sich abreagiert. Es gibt nichts Schöneres, als ruhig und gleichmäßig konzentriert zu arbeiten, die Fortschritte der Arbeit zu genießen, nach der Arbeit noch einmal auf das fast fertige Möbelstück zu blicken, bevor man das Licht ausmacht, oder morgens die Schraubzwingen zu lösen, wenn der Leim über Nacht seine Arbeit getan hat.

Sie brauchen sich zwar nicht wie ein Indianer beim Holz fürs Zerschneiden zu entschuldigen, aber eine gewisse innere Ruhe wird Ihrer Arbeit bei Planung und Fertigung auf jeden Fall zugute kommen, sodass Sie mit dem Ergebnis zufrieden sein können.

Was sonst noch nötig ist

Um Sägeschnitte zu glätten und womöglich etwas zu korrigieren, brauchen Sie eine kleine **Abricht-Hobelmaschine.** Hier gibt es auch sehr preiswerte Modelle.
Weitere Werkzeuge, die Sie wahrscheinlich sowieso daheim haben, sind **Hammer** und **Pucksäge.** Die Pucksäge ist eine kleine Bügelsäge und kann wahlweise mit einem Metall- oder einem Holzsägeblatt verwendet werden. Die kleine Säge ist vielseitig einsetzbar und schneidet wie der Teufel. Kinder lieben diese Säge besonders und verstehen sie effektiv zu nutzen – schon eine Vierjährige kann damit rasch Brillenbügel, Zahnbürsten oder Schubladengriffe absägen. In der Werkstatt brauchen Sie die Pucksäge bei der Herstellung der Stopfen und zum Absägen überstehender Enden von Dübeln oder Leisten.
Eine **Feinsäge,** eine Säge mit rechteckigem Sägeblatt, kleinen Zähnen und verstärktem Rücken, wird für saubere, gerade Schnitte gebraucht. Natürlich brauchen Sie auch einen kleinen **Winkel** und einen **Zimmer-**

mannswinkel. Prüfen Sie Billigangebote vor dem Kauf auf Winkelgenauigkeit – oder meiden Sie sie ganz!
Schraubzwingen – kaufen Sie sich gute, etwas teurere, jeweils drei Stück, und zwar 50er, 80er und 100er sowie mehrere kleinere. Auch hier aufpassen, es gibt Billigprodukte, die sich gar nicht richtig festdrehen lassen, weil sie nachrutschen oder sich bei festerem Zudrehen verbiegen oder ihren Griff verlieren. Täglicher Ärger mit schlechten Schraubzwingen addiert sich ins Ungeheure!
Unabdingbar ist ein großer glatter **Arbeitstisch,** am besten eine beschichtete Spanplatte, 90 x 200 cm (mindestens aber 60 x 200 cm) groß und 30 mm dick. Von der Kunststoffoberfläche kann man Leimflecken leicht entfernen (Leimtropfen trocknen lassen und mit der scharfen Kante des Winkels abschieben). Verstärken Sie die Platte durch massive Leisten und legen Sie sie auf zwei Böcke oder einen alten massiven Tisch. So erhalten Sie eine schöne, ebene Fläche, auf der Sie Ihre Möbel aufbauen können, und Sie haben die Gewähr, dass Ihre Regale und Schränke winkelgerecht an der Wand stehen und die Stühle nicht wackeln.

Nicht unabdingbar, aber äußerst nützlich

Etwa zwanzig **Bleistifte** von auffälliger Farbe, gut gespitzt, legen Sie an alle Stellen in der Werkstatt, wo man einen Bleistift erwarten könnte. An einem prominenten Platz binden Sie den Bleistiftspitzer an.

Kinderbänkchen aus Weymouthkiefer.

Irgendwann brauchen Sie auch einmal einen **Schraubstock.** Sehen Sie zu, dass Sie einen gebrauchten, möglichst großen finden – so groß, dass Sie ihn gerade noch zum Auto schleppen können. Bringen Sie ihn in der Werkstatt so an, dass seitlich für etwas über zwei Meter lange Bretter Platz bleibt, wenn Sie z. B. deren Ende mit Stichsäge, Oberfräse oder Stechbeitel bearbeiten wollen.
Für wichtige Telefonnummern bringen Sie in Telefonnähe ein schönes glattes **Brett für Notizen** in Sichthöhe an der Wand an, schließlich sind Sie Holzhandwerker, und nichts geht in einer Holzwerkstatt so schnell verloren wie ein Bleistift (aber da haben wir ja zum Glück vorgesorgt) und kleine Zettelchen. Für größere Formate (Baupläne) sind angeschraubte Leimklammern gut.
Der **Leimboy** ist nicht billig, aber er schützt Leim und Pinsel zuverlässig vor dem Austrocknen und geht nicht kaputt. So amortisiert sich die Anschaffung auf Dauer, weil jeder mal vergisst, den Leimpinsel in Wasser zu stellen oder den Leimtopf abzudecken.
Wenn Sie viel arbeiten und dementsprechend große Mengen Holz zerspanen oder schleifen, reicht ein Besen – oder auch zwei – nicht mehr. Verwenden Sie dann nicht den Haushaltsstaubsauger, das gibt nur Ärger, sondern kaufen Sie sich gleich eine kleine Absauganlage. Damit können Sie auch nach Feierabend sich selber, d. h. Ihre Kleidung absaugen, auch das Sägemehl aus den Taschen.

Ausstattungsliste

Maschinen

- Absauganlage
- Bohrmaschine
- Handkreissäge
- Tischkreissäge
- Stichsäge
- Oberfräse
- Akkuschrauber
- Schwingschleifer
- Exzenterschleifer
- Bandschleifer
- stationäre Schleifeinrichtung (Halterung für Bandschleifer)

Zubehör

- Holzdübelbohrer mit Zentrierspitze (Durchmesser 1–12 mm)
- Staubmaske
- Schrauberbits
- Kreissägeblatt für Längs- und Querschnitte
- Stichsägeblätter für Holz- und Kurvenschnitte, grob und fein
- Sägeblätter für die Pucksäge
- Schleifpapier, -bänder und -scheiben (Körnung 60, 80, 100, 180)
- Schrauben (3,5 x 15, 35, 50 mm; 4,5 x 70, 100 mm)

Handwerkzeug

- Bleistifte
- Leimboy
- zwei breite Heizkörperpinsel
- eine kleine Farbrolle (Schaumstoff)

- Schraubzwingen (jeweils mindestens drei Stück): 20, 50, 80, 100 cm lang
- starke Leimklammern, 4 Stück
- Schraubstock
- Pucksäge
- Feinsäge
- Winkel, klein und groß
- Stechbeitel, Schneidenbreite 20 mm
- Hand- oder Elektrotacker
- Hammer
- Zange
- Messer
- Ausreiber zum Versenken der Schraubenköpfe
- Vorstecher
- Zollstöcke

Werkstatteinrichtung

- breiter Besen, Schaufel (gut für Sägespäne ist auch ein kleiner Schneeschieber)
- Handfeger
- drei Eimer für Holzabfälle, Sägemehl, Müll
- Gläser mit Schraubdeckel
- stabiler Stuhl
- vier Böcke
- großer Arbeitstisch
- Wandregale
- Wandpult
- Werkstattradio
- Mehrfachstecker
- gute Beleuchtung
- kindersicheres Versteck für den Werkstattschlüssel
- Verbandkasten und Adresse der nächsten unfallchirurgischen Klinik

Zweckmäßige Kleidung

Die Kleidung sollte aus glatten, festen Stoffen hergestellt sein, an denen das Sägemehl nicht festhängt – also nicht Norwegerpullover, Cordsamthose und offene Sandalen. Ziehen Sie feste, bequeme Schuhe an, nicht zu enge Jeans und ein Hemd oder T-Shirt, das über die Hose geht, aber nicht hängt und vor allem keine weiten Armbündchen hat, mit denen Sie irgendwo hängen bleiben könnten. Praktisch ist natürlich eine Hose mit einer Tasche für den Zollstock; wenn Sie aber nicht unbedingt als Zimmermann auftreten wollen, nehmen Sie jetzt den Zollstock (zusammengeklappt) zwischen die Zähne – und schon geht's los.

Unser Objekt: das Holz der Bäume

Material mit lebendigen Eigenschaften

Bevor Sie mit Ihren Werkzeugen dem Holz zu Leibe rücken, vergegenwärtigen Sie sich, was Holz eigentlich ist und welche Materialeigenschaften es hat – schließlich ist ein Baum eine lebendige Pflanze und sein Holz bleibt lange »lebendig«.

Um die Materialeigenschaften des Holzes verstehen zu können, ist die Vorstellung nützlich, dass es sich bei unseren Brettern im Grunde um gespaltene Pflanzenstängel handelt. Die Pflanze Baum ist – biologisch gesehen – ein statisch ungeheuer fein und stabil konstruierter Zellverband, durchflutet von Kapillarströmen. Diesem Organismus verdanken wir die fantastischen Eigenschaften des Werkstoffes Holz. Die Feuchtigkeit muss aber nun zum großen Teil herausgetrocknet sein, bevor das Holz für den Möbelbau verwendet werden kann.

Baumstark: fest und zäh zugleich

Im Sägewerk wird der Stamm normalerweise im Parallelschnitt aufgesägt. Der Schnitt geht also durch verschiedene organische Schichten des Baumes.

Wenn man sich die Druck- und Biegekräfte vorstellt, die ein Baum bei Stürmen aus wechselnden Richtungen verkraften muss, wird klar, dass die äußeren Schichten des Baumkörpers elastisch sein müssen und das Innere einigermaßen starr. Dementsprechend findet in den äußeren Schichten der Flüssigkeitstransport statt. Wird nun Flüssigkeit entzogen, trocknen die Zellen verschieden stark, das Holz »schwindet« und verbiegt sich gleichzeitig, es »wirft sich« oder »schüsselt«, das heißt: beide Ränder eines liegenden Brettes biegen sich nach oben oder nach unten.

Spannungen kennen und nutzen

Der kluge Handwerker (wie der Politiker) weiß Spannungen für sich zu nutzen. Für den Massivholzmöbelbau ist es von elementarer Wichtigkeit, die Konstruktion so anzulegen, dass die Holzteile gegeneinander schüsseln.
Für die beiden Seiten eines Brettes gibt es zwei Bezeichnungen: Die Seite, die nach außen zu den Nachbarbäumen zeigt (wenn man sich das Brett wieder in den Stamm eingefügt vorstellt), nennt man die »Waldseite« und die andere, dem Kern zugewandte, die »Baumseite«.

Goldene Regel des Massivholzmöbelbaus

Da das Brett nach außen schüsselt, sich also entgegengesetzt zu den Kreislinien der Jahresringe wölbt, sind bei der Konstruktion immer die Waldseiten zusammenzubringen. Machen Sie sich diese »goldene Regel« zu Eigen und denken Sie an Dürers Bild der zusammengelegten betenden Hände: Indem die äußeren Ränder schließen, wird der Verbund zwischen den Holzteilen sicherer, unabhängig davon, ob nun die Verbindung durch Leim, Schrauben, Nägel oder Dübel hergestellt wird.
Da beispielsweise ein 10 cm breites Brett nach dem Trocknen vielleicht nur noch 9 cm breit ist (den Schwund in Längsrichtung können wir vernachlässigen), sollte man immer möglichst trockenes Holz verwenden (maximal 16 Prozent Feuchtigkeit) und ein Möbelstück so konstruieren, dass die Maserungslinien in einer Richtung verlaufen.
Wenn nämlich ein schönes, 28 cm breites Brett durch eine kräftige, quer darüber geleimte und geschraubte Leiste »stabilisiert« werden sollte, würde irgendwann das Brett der Länge nach aufreißen. Schlimmer noch wird es einer verleimten Tischplatte ergehen, die jemand sträflicherweise aufs Untergestell geschraubt hat. Einer meiner Freunde hatte diesen Fehler begangen, und die schöne runde Tischplatte zerriss eines Nachts mit einem lauten Knall.
Wenn man bedenkt, dass Hannibal bei seinem legendären Zug über die Alpen mit trocken eingeschlagenen und dann angefeuchteten Holzkeilen Treppen in die Felsen gesprengt hat, erhält man eine Vorstellung davon, welche Kraft schrumpfende oder quellende Holzzellen entwickeln können.

Materialgerecht: historische Holztechnik

Ein großer Teil der traditionellen Techniken der Holzverbindung entstand, weil man versuchte, die voraussichtlichen Bewegungen des Holzes in den Griff zu bekommen. So entwickelte man Verbindungen, die sich auch dann nicht lockern, wenn das Holz »arbeitet«.
Da die Menschheit nicht immer Zentralheizungen zur Verfügung hatte, knackte es etliche tausend Jahre witterungsbedingt stark in der guten Stube. Die traditionellen konstruktiven Holzverbindungen, die ohne ein drittes verbindendes Element zwischen zwei zu verbindenden Teilen auskommen, ermöglichen es, dass ein neuer Schrank im Lauf der Jahre sein Volumen (natürlich geringfügig) verringert oder auch vergrößert, ohne insgesamt seine Stabilität zu verlieren.
Sie sollen sich aber nun nicht damit beschäftigen, stundenlang Schwalbenschwanz- oder Fingerzinken (beides raffinierte und schöne traditionelle Holzverbindungen) mit Feinsäge und rasiermesserscharfem Stechbeitel auszuarbeiten und zusammenzufügen. Man kann Schubladen und jeden anderen Korpus wesentlich einfacher und schneller fertigen, ohne dass es »gebastelt« aussieht oder das Möbel seine Festigkeit nach ein paar Heizperioden verliert.

Verbindungstechnik

Holznägel, Schrauben, Leim

In den ersten Jahren, in denen ich mit Holz gearbeitet habe, habe ich ausschließlich Nur-Holz-Verbindungen plus Leim verwendet, indem ich die Teile mit Holznägeln zusammengefügt habe. Auf Wunsch mache ich das heute immer noch – wenn jemand z. B. ein eisenfreies Bett wünscht. Aber bei den folgenden Konstruktionsanleitungen bestehen die Verbindungen aus Kreuzschlitz-Schrauben und Leim, eventuell auch aus Holzfedern und Leim. Anstelle der Schraubverbindungen können ebenso Holznägel verwendet werden; die Optik des Möbels ist dieselbe. Erläuterungen zur Technik des Holznagels und Bezugsadressen finden Sie am Ende des Buches. Generationen von Schreinern haben mit Schrauben des alten Stils gekämpft – Flach-, Linsen- oder Rundkopfschrauben mit Schlitz. Und Generationen von Schreinern gingen stigmatisiert in den Feierabend, wenn sie den ganzen Tag unter großer Kraftanstrengung Schrauben ins Holz würgen mussten: mit moglichst großem, gleichbleibendem Druck und ständig in der Gefahr, dass der Schraubenzieher abrutscht in den Daumen oder in die Oberfläche des Möbels.

Die Schraube mit dem X

So wurde der Auftritt der Spanplattenschraube (Spax) gewiss mit Jubel begrüßt; die Aufgabe des Eindrehens übernimmt die Maschine, die Schraube ist zugleich als Bohrer ausgebildet und schneidet sich selber ihren Weg. Wenn man außerdem eine leichte und gut in der Hand liegende Maschine hat, ist das Schrauben ein Vergnügen.
Für die Möbelkonstruktionen dieses Buches brauchen Sie – abhängig von den Holzdicken – Schrauben mit einer Länge zwischen 15 und 100 mm. In der Regel müssen Sie das Schraubloch nicht vorbohren. Ausnahmen: bei sehr hartem Holz, bei Lärchenholz, das leicht reißt, oder wenn Sie Schrauben nahe an der Brettkante eindrehen müssen. Dann wird mit einem 3-mm-Bohrer vorgebohrt.
Da die Schraubenköpfe, die von außen zu sehen wären, versenkt werden sollen, bohren Sie zunächst mit einem neuen scharfen 9-mm-Dübelbohrer (fassen Sie ihn nicht an der Spitze an, er ist wirklich scharf!) ein knapp 10 mm tiefes Loch aus, in das nun die Schraube eingedreht wird. Das Loch wird später durch einen Holzstopfen verschlossen. Sie können zum Bohren einen Tiefenanschlag verwenden, aber ich rate Ihnen, solche handwerklichen Probleme durch Übung zu meistern (wie es ja auch das Sprichwort sagt).
Für Schrauben, die von innen eingedreht werden, genügt es, wenn Sie mit dem Ausreiber ein Versenkloch bohren, sodass der Schraubenkopf ganz in der Oberfläche verschwindet.
Die Schrauben müssen in der Regel einen gewindefreien Schaft haben, damit sie »ziehen«. Das ist der Fall, wenn sie nach dem Einschrauben zu etwa zwei Dritteln im unteren oder hinteren Teil der beiden zu verbindenden Teile sitzen. Zusätzlich zu der Verschraubung werden immer beide Teile durch Leim verbunden, auch wenn die Teile stumpf, also mit den Hirnholzflächen, aufeinander stoßen.

Holzfedern

Eine weitere Möglichkeit, Holzteile miteinander zu verbinden, sind 3 mm dicke Sperrholzstreifen, die in entsprechende Nuten eingeschoben und verleimt werden. So lassen sich z. B. Rahmen für Bilder oder Spiegel herstellen oder Laufleisten von Schubladen maßgenau mit den Tischzargen verbinden.

Oberflächenbehandlung

In Bezug auf die Oberflächenbehandlung hat jeder Möbelbauer seine speziellen Erfahrungen und Geheimnisse. Auch Sie werden bald herausfinden, welches Material und welches Verfahren Ihnen am besten gefällt und wie Sie am besten vorgehen.

Seidig schimmernde Tiefe

Es gibt viele hochwertige biologische Öle und Wachse, die der Oberfläche nach dem letzten Schliff Schutz und optische Qualität geben. Ich empfehle fürs Erste Fußboden-Hartöl.

Notwendige Voraussetzung für ein gutes Ergebnis ist ein möglichst feiner Schliff der Oberfläche. Wenn Sie die Oberfläche wässern, d. h. mit einem nassen Lappen benetzen, stellen sich die kleinsten Fasern auf und können, wenn die Feuchtigkeit wieder abgetrocknet ist, abgeschliffen werden. Normalerweise reicht einmal Schleifen mit 180er-Papier.

Stellen Sie das Möbelstück in einem warmen Raum an einen staubfreien Platz. Das Öl braucht Licht, um auszuhärten. Schützen Sie die Umgebung, vor allem Material und andere Möbel, vor Ölspritzern. Damit auch die Füße gut bearbeitet werden können, stellen Sie das Möbel auf Klötzchen. Achten Sie darauf, dass Sie von allen Seiten gut an das Möbel herankommen.

Zügig und reichlich auftragen und verteilen

Das Öl muss gleichmäßig dick aufgetragen werden. Wenn es an manchen Stellen zu lange auf der Oberfläche stehen bleibt, können Verfärbungen entstehen. Andererseits braucht das Holz ein wenig Zeit, um das Öl aufzunehmen; die Poren müssen gleichmäßig gesättigt sein. Deshalb besteht beim ersten Mal eher die Gefahr, dass man zu vorsichtig und sparsam mit dem Öl verfährt und nicht jede Stelle genug abkriegt. An Stirnholzkanten saugt das Holz natürlich am meisten.

Geben Sie das Öl aus dem Kanister in ein Glasgefäß mit ausreichend großer Öffnung. Zum Auftragen benötigen Sie einen Heizkörperpinsel, einen fusselfreien sauberen Baumwollsocken und einen zweiten sauberen Lappen der gleichen Qualität. Gut eignet sich auch eine Küchenpapier-Rolle (mit dem Papier lässt sich später gut Feuer im Kamin machen).

Am besten arbeiten Sie beidhändig. Nehmen Sie den Pinsel in die rechte Hand, stecken Sie die Linke in einen Gummihandschuh oder eine Plastiktüte, dann ziehen Sie den Socken über die Hand. Nun großzügig, ohne allzu viel zu kleckern, mit dem Pinsel das Öl auftragen, zwischendurch mit dem Socken verteilen und einreiben. Auf Platten darf das Öl ruhig zunächst ein bisschen schwimmen, bevor es verteilt wird.

Durch das Ölen wird die Oberfläche des Holzes »angefeuert«, die Schönheiten der Strukturen treten klarer hervor.

Legen Sie den Pinsel weg und reiben Sie nochmals kräftig nach. Warten

Sie einen kleinen Moment und wischen Sie mit einem sauberen Lappen oder Papier darüber, um eventuelle Überstände wegzunehmen.

Einen Tag später

Am nächsten Tag schleifen Sie mit feinem Sandpapier – mindestens 180er-Körnung – vorsichtig mit gleichmäßigem Druck über die Flächen und Kanten, wischen den Staub ab und ölen nach. Meist ist es kaum nötig, viel Öl aufzutragen, es reicht, mit angefeuchtetem Lappen nachzureiben. Bei diesem Arbeitsgang besteht am ehesten die Gefahr des Überölens: Das Öl bleibt auf der Oberfläche stehen und weicht dann oft nur noch mechanischen Mitteln – man muss es abschleifen.

Da verschiedene Hölzer entsprechend ihrer Zellstruktur auch verschieden stark saugen, probieren Sie bei unbekannten Hölzern immer erst an einer Unterseite aus, wie das Öl aufgenommen wird.

Wenn das Holz kein Öl mehr braucht und sich absolut trocken anfühlt, polieren Sie mit einem dicken sauberen Lappen, vielleicht sogar mit ein wenig Wachs.

Ölige Lappen nicht zusammengeknüllt in der Wärme liegen lassen – das kann die Werkstatt kosten, weil die Gefahr der Selbstentzündung besteht. Das restliche Öl gießen Sie in den Kanister zurück, das Glas füllen Sie mit Wasser und stellen den Pinsel hinein; vor dem nächsten Gebrauch frottieren Sie ihn trocken.

Eine menschenfreundliche Oberfläche

Vorteil einer geölten Oberfläche ist, dass das Holz »offen« bleibt, also weiter feuchtigkeits- und wärmeregulierend wirkt – das ist gesundheitsfördernd für das Raumklima – und dass es für Auge, Hand und Geruchssinn angenehm ist, indem seine natürliche Schönheit zum Tragen kommt.

Das Holz ist allerdings nicht sehr widerstandsfähig gegen bestimmte Flecken und mechanische Einwirkungen, die Fläche wird eben nicht so abgesperrt und gehärtet wie bei einer Lackschicht. Dafür können Beschädigungen leichter und ohne großen Aufwand mit feinem Schleifpapier und anschließendem Nachbehandeln repariert werden.

In Bezug auf die Gesundheit ist das Öl bei der Verarbeitung in der Werkstatt und in der Wohnung, wo man jahrzehntelang damit zu tun hat, wesentlich verträglicher als jeder Lack.

Wasserlöslicher Lack

Wasserlöslicher Lack (z. B. Acryl-Lack) ist vielleicht erforderlich für stark strapazierte Bauteile, z. B. Tischflächen. Der Vorteil ist, dass Pinsel und Farbrolle sich leicht unter fließendem Wasser reinigen lassen und man im zweiten Arbeitsgang tüchtig nachschleifen kann.

Von Nachteil ist allerdings, dass auch die Verarbeitung dieser Lacke mit Gesundheitsgefahren verbunden ist, weil die Wassertröpfchen als dem menschlichen Organismus vertraute Transporteure schädliche Inhaltsstoffe umso leichter in den Körper gelangen lassen. Vorsicht ist also besonders geboten, wenn wasserlösliche Lacke versprüht werden. Unbedingt Atemschutzmaske tragen und Sicherheitshinweise der Hersteller beachten!

Erläuterungen

Schnittlisten

Für die Abfolge der Zuschnitte schlage ich vor, dass Sie der Holzdicke entsprechend vorgehen. In den Schnittlisten sind die Teile nach ihrer Funktion, ihrem Konstruktions- oder Benutzungszusammenhang aufgeführt. Angegeben sind jeweils die benötigte Stückzahl sowie die Endmaße (Breite x Länge in Faserrichtung). Auch die angegebene Dicke bezeichnet das Endmaß nach dem Hobeln. Wo es nötig ist, sind die einzelnen Teile skizziert.
Geben Sie beim ersten Zuschnitt jeweils einige Millimeter zu und schneiden Sie die Teile erst dann endgültig zu, wenn der Arbeitsprozess es erfordert, besonders Bauteile in der Möbelfront, bei denen es sofort ins Auge fällt, wenn sie auch nur einen Millimeter zu kurz sind. Bei verleimten Platten ist das Endmaß der benötigten Platte angegeben. Beim ersten Zuschnitt müssen Sie an allen Seiten einige Zentimeter zugeben. Für Bauteile mit geschweiften Sägekanten, z. B. Frontzargen von Schränken oder Leisten für Sitz- oder Rückenlehnen, wird das Gesamtmaß des Bretts angegeben, aus dem Sie das Bauteil sägen. Schematische Darstellungen in der Seitenansicht zeigen die Position der einzelnen Teile. Das Schema soll die wesentlichen Merkmale der Konstruktion deutlich machen, ist aber nicht maßstabgerecht.
Für die Reihenfolge der Zuschnitte gibt es keine festen Regeln. Übertriebene Sparsamkeit, die zu Lasten der goldenen Regel (siehe Seite 18) oder der Optik geht, sollten Sie vermeiden.
Nicht aufgenommen in die Schnittlisten sind Vorreiber, Griffknöpfe, Auflageleisten für Fachböden oder andere Bauteile, die normalerweise aus Holzresten hergestellt werden.

Das Prinzip »H«

Das statische Prinzip aller Konstruktionen ist im Grunde ganz einfach: Zwei nebeneinander gestellte Wände oder Beinpaare werden so miteinander verbunden, dass alle Kräfte abgefangen werden, die das Ganze aus dem rechten Winkel oder zum Einsturz bringen wollen. Die einfachste Möglichkeit für eine solche Verbindung wären geschlossene Wände, aber Sie sollen ja keine geschlossene Kiste bauen.
Deshalb sind Zargen als Teile jener nicht realisierten »geschlossenen Wände« wichtig. Ihre Stabilität und die Festigkeit ihrer Verbindung bestimmen die Gesamtstabilität des Möbels, ihre Dimensionierung macht oft einen Teil der Ästhetik aus.
Der Betrachter nimmt immer die Statik eines Möbelstücks wahr, wenn auch vielleicht unbewusst. Zu dünne Möbelbeine oder schwächlich aussehende Querverbindungen beunruhigen ihn.

Handwerkliche Genauigkeit oder maschinelle Präzision

Die Ergebnisse der handwerklichen Tätigkeit, um die es hier geht, können und sollen nicht mit den Produkten computergesteuerter Präzisionsfräsen konkurrieren, die beliebige Stückzahlen identischer Qualität herstellen. Deshalb rate ich Ihnen, Teile wie Frontleisten oder Türen erst dann genau einzupassen, wenn Korpus oder Rahmen schon fertig dastehen. Bemessen Sie solche Teile beim ersten Zuschnitt etwas großzügiger (Türen etwa 2 mm), halten Sie sie zum Einpassen an und zeichnen Sie die Maße direkt am Bauteil an.

Umsichtig und sicher arbeiten

In den Bauanleitungen ist öfter die Rede von »Arbeitslänge«, vor allem bei kleinen Werkstücken. Aus Sicherheitsgründen, aber auch aus Gründen der Effektivität ist es ratsam, erst nach Bearbeitungsvorgängen wie Nuten oder Schleifen die Einzelteile in der endgültigen Länge aus- oder abzuschneiden. Wenn Sie nicht sowieso Brillenträger sind, gewöhnen Sie sich an, beim Sägen eine Schutzbrille aufzusetzen. Sollten Ihnen die berufsgenossenschaftlich zertifizierten Modelle nicht gefallen, lassen Sie sich von Freunden eine abgelegte

großflächige Normalbrille schenken, die Sie mit Fensterglas versehen lassen.
Zum Nuten – um einen Schlitz in das Holz zu sägen, z. B. bei der Herstellung der Schubladenvorderstücke – muss der Spaltkeil an der Säge entfernt werden. Verwenden Sie dafür nur Bretter, die keine Risse aufweisen, und benutzen Sie Schiebeleisten. Nach dem Arbeitsvorgang bringen Sie Spaltkeil und Splitterschutz unbedingt wieder an!

TIPP

Bei Tauchschnitten, bei denen die Nut nicht durchgehen soll, markieren Sie die Position der Achse des Sägeblatts mit Bleistift auf dem Parallelanschlag. So können Sie beim Nuten berücksichtigen, wo das Sägeblatt am höchsten einschneidet. Wichtig ist dies z. B. beim Einnuten der Türleisten.

Stopfen – klein, aber anspruchsvoll

Die Bohrungen, in denen die Schraubenköpfe versenkt werden, verschließen Sie mit Holzstopfen. Die abgeschliffenen Stopfen wirken auf der Möbeloberfläche wie Holznägel. Die Stopfen müssen genau passen und durch die zusätzliche Verleimung sicher halten. Zu kleine Stopfen fallen vielleicht nicht gleich heraus, wirken aber unschön, weil sie einen Teil von Schraube, Loch oder Leim sichtbar lassen. Zu große Stopfen zerstören die Lochränder, finden keinen richtigen Halt und verabschieden

sich oft schon bei dem Versuch, sie abzuschleifen, auf Nimmerwiedersehen.
Die Stopfen stellen Sie aus Quadratleisten mit einem Querschnitt von 10 x 10 mm her. Entsprechende Rundstäbe können Sie fertig im Baumarkt kaufen, aber ich rate Ihnen, sie aus Holzresten selbst herzustellen. Die Reststücke sollten etwa einen Meter lang sein. Beim Auftrennen in Längsrichtung sägen Sie zunächst nur etwa bis zur Mitte, dann wenden Sie das Holz, um die andere Hälfte zu sägen. So laufen Sie nicht Gefahr, mit den Händen zu nahe an das Sägeblatt zu kommen. Langen Sie die Leistchen auf etwa 25 cm ab. Auf dem stationär aufgestellten Bandschleifer werden sie mit einer Drehbewegung angespitzt, sodass sie mit der Spitze leicht in die Bohrung passen. Bündeln Sie mehrere Leisten, um sie mit der Pucksäge auf gleiche Länge abzusägen.

Schleifen

Überlegen Sie selbst, wann während des Zusammenbaus der günstigste Zeitpunkt zum Schleifen ist. Bei den Bauanleitungen weise ich nur manchmal darauf hin. Manche Stellen sind nach dem Zusammenbau unzugänglich für die Schleifmaschinen oder lassen sich von Hand nicht mehr in der richtigen Richtung – mit der Faser – schleifen. Andere Teile sind leichter zu bearbeiten, wenn sie schon eingebaut sind, z. B. Ränder oder Korpuskanten.

Die Mimik des Möbels – auch eine Frage der Ecken und Kanten

Bei Korpuskanten, z. B. beim Kleiderschrank oder bei Schubladen, bearbeitet man die Teile, bei denen später eine Hirnholzkante geschliffen werden muss, besser so, dass sie ein bis zwei Millimeter überragen, damit die Ecke auch nach dem Schleifen vollkantig bleibt, um nur leicht gefast zu werden.

Eigenes Profil finden

Gleichmäßig im halbkreisförmigen Querschnitt gerundete Kanten wirken leicht wulstig. Mir gefallen Tischränder besser, bei denen die obere Kante stark gebrochen ist und die untere Kante fast scharfkantig stehen bleibt. Das ist für mich eine anmutige Kante.
Senkrecht verlaufende Kanten schleife ich meist geradflächig und breche die Schärfe nur ganz leicht.

Reizvoller Kontrast: eine stark gebrochene obere und eine nur wenig gerundete untere Kante.

Teil II: Fingerübungen

Schneidbrett – freies Design und Schleiftraining

Da in der Küche große und kleine Objekte geschnitten, zerhackt oder auf andere Art und Weise klein gemacht werden, können Sie eigentlich alle Formate von Schneidbrettern gebrauchen. Dies ist zudem eine gute Möglichkeit, schöne Brettabschnitte vor dem Ofen zu bewahren.
Ein Schneidbrett sollte einen Griff haben, denn der gibt ihm einen munteren Werkzeugcharakter. Man kann besser damit hantieren, z. B. beim Schaben von Spätzle, beim Klopfen von Steaks – und man kann es mit Griff sogar als Mini-Tablett benutzen.
Ein Frühstücksbrettchen kann aus verschiedenen Hölzern bestehen. Eine gehörige Länge ist wichtig, damit den Maßen des Frühstücksbaguettes nicht zu enge Grenzen gesetzt sind.

Design

Achten Sie darauf, dass die Achse des Griffs in Richtung auf den Schwerpunkt verläuft, und probie-

ren Sie aus, welche Form sich am besten anfasst. Die Umrisse der Schneidfläche können Sie je nach Laune gestalten: als Kopf, Fisch, breites Schwert, Schwein, Stielobst – das alles hat »Griffe«.
Ein individuell gestaltetes Schneidbrett ist immer ein gutes Mitbringsel, z. B. in Kombination mit einer Weinflasche, einem Kochbuch, Pralinen, Salz und Brot.

Schleifen

Zum Schleifen benötigen Sie Schleifbänder mit 80er-, 100er- und 180er-Körnung. Doch Vorsicht: Wenn Sie den Bandschleifer einschalten und auf das Brett senken, werden Sie vielleicht die Erfahrung machen, dass dieses mit unbekanntem Ziel davonfliegt – oder Sie womöglich schmerzhaft trifft.

TIPP

Weil das Festklemmen des Werkstücks umständlich und die Arbeit kompliziert ist, schrauben Sie einfach eine Leiste, die etwas flacher ist als das zu schleifende Brett, quer auf den Tisch und legen das Werkstück dahinter. Oder Sie befestigen zwei Leisten, die V-förmig aufeinander zulaufen, sodass das Brett seitlich leicht eingeklemmt wird.

Lernen Sie mit Gefühl zu schleifen, sodass das Brett ruhig liegen bleibt und Sie nicht quer zum Faserverlauf unschöne Treppen in das Holz schleifen.
Um die Schmalkanten und den Griff abzurunden, spannen Sie den Bandschleifer in seine Halterung.

Wie Sie das Brett beim Schleifen halten müssen, werden Sie schnell lernen. Schleifen Sie mit gleichmäßigem Druck, bis Ihr kritischer Blick und Ihre tastenden Fingerspitzen mit dem Ergebnis zufrieden sind.
Anschließend bearbeiten Sie das Brett von Hand mit immer feinerem Schleifpapier. Kenner gehen bis zur 320er-Körnung. Zudem können Sie es auch noch wässern und am nächsten Tag, wenn die aufgerichteten winzigen Fasern wieder trocken sind, noch einmal nachschleifen.

Zum Schluss ölen Sie das Brett mit dem Lieblings-Olivenöl der Familie leicht ein und wiederholen das etwa alle 14 Tage, damit nicht zuviel Wasser ins Holz eindringt. Will jemand das Brett in die Spülmaschine stellen, nehmen Sie es ihm weg und ermahnen ihn damit.
Also: nur kurz heiß abspülen.

Schneidbretter müssen nicht langweilig aussehen. Ob als Mitbringsel oder für die eigene Küche – schöne Holzreste lassen sich auf diese Weise sinnvoll verwerten.

Muli – gotisches Design

Dieses Fußbänkchen ist ideal als Blumenständer, Mini-Spiel-Tisch, Stillbänkchen oder zum Ausgleich von Höhenunterschieden.
Es ist ein uraltes Möbel; die Form des Ausschnitts zwischen den Füßen nennt man »Eselsrücken-Motiv«, daher habe ich den Hocker »Muli« genannt. In dieser oder in umgekehrter Form gehört es zu den elementaren ornamentalen Linien und erinnert an die Spitzbögen der Gotik. So findet es sich z. B. auch bei den Zargensprossen alter Scheunenleitern. Wenn man das Bänkchen herumdreht, kann man es gut als Sägebock zum Abschneiden von Leisten – oder Stangenweißbrot – verwenden.

Der Zweck bestimmt die Größe

Für dieses kleine Möbel gebe ich bewusst keine Maße an. Überlegen Sie, wozu es dienen soll und wie hoch es sein muss. Wenn es fertig ist, werden Sie bestimmt ein anderes bauen wollen, das besser aussieht. Ein Freund wird kommen und sagen: »Hübsch, aber es müsste 5 cm länger sein und nicht ganz so hoch . . .« Und schon sind Sie mittendrin in der Problematik des Designs.
Lassen Sie es drauf ankommen. Probieren Sie einfach aus, welche Proportionen Ihnen und anderen gefallen. Schließlich müssen Sie ja nicht mit Berufsdesignern konkurrieren.

Bauanleitung

Die Einzelteile für das Fußbänkchen sägen Sie aus einem 22 mm dicken Brett. Sie benötigen zwei Zargen, zwei Füße und eine Platte.

Untergestell

Für die Füße schneiden Sie von dem Brett mit der Handkreissäge zunächst zwei gleich große Stücke ab, etwas länger, als die Höhe des Fußbänkchens betragen soll. Achten Sie darauf, dass der Sägeschnitt genau rechtwinklig verläuft. Für die geschweiften Schnitte des Eselsrücken-Ausschnitts greifen Sie zur Stichsäge. Damit die geschwungenen Linien auch wirklich symmetrisch werden, gehen Sie folgendermaßen vor: Sägen Sie zunächst eine Hälfte des Eselsrücken-Ausschnitts und eine Außenseite. Mit einem gerade verlaufenden Schnitt vom unteren Rand bis zur Spitze des Eselsrückens legen Sie die geschweifte Linie frei. Sie haben somit ein halbes Fußteil fertig gestellt und verwenden dieses nun als Schablone. Legen Sie es zunächst seitenrichtig, dann seitenverkehrt auf das Brett für den zweiten Fuß, übertragen Sie die Linien der Sägeschnitte und stellen Sie den zweiten Fuß fertig. Zum Schluss benutzen Sie diesen wiederum als Schablone, um die fehlenden Schnittlinien auf dem ersten Fuß anzureißen und auch diesen fertig zu stellen.

TIPP

Gehen Sie bei symmetrischen Teilen immer so vor, zuerst ein Teil zur Hälfte auszusägen und diese Hälfte dann als Schablone zu verwenden. So vermeiden Sie z. B. Frust, wenn Ihnen die Stichsäge beim ersten Schnitt wegen zu eng konstruierter Kurven ein wenig aus dem Ruder gelaufen ist.

Stellen Sie die beiden Füße so auf Ihre Arbeitsfläche, wie sie beim fertigen Bänkchen stehen sollen, und betrachten Sie die Anordnung aus verschiedenen Blickwinkeln.

① Der erste ausgesägte Fuß dient als Schablone für den zweiten.

② Stellen Sie Füße und Platte so auf, wie sie zusammengebaut werden sollen. Dann messen Sie den Abstand zwischen den Füßen, um die Zargen zuzuschneiden.

③ Wählen Sie die Zargen breit genug, dass seitlich wirkende Kräfte aufgefangen werden und das Gestell genügend Festigkeit bekommt.

④ Streichen Sie die Enden der Zargen dünn mit Leim ein.

⑤ Das Untergestell wird mit der Oberseite nach unten auf der Werkbank zusammengesetzt. Dabei dienen Holzklötze als Abstandhalter zwischen den Zargen. Achten Sie darauf, dass jeweils die Baumseite der Füße nach außen zeigt. Die Jahresringe sind hier zur Verdeutlichung mit Bleistift nachgezogen.

⑥ Wenn Sie die Schraubzwinge zunächst nur lose ansetzen, lässt sich die Position der Teile noch korrigieren. Dann ziehen Sie fester an, bis der überschüssige Leim aus den Fugen herausgepresst wird. Lassen Sie das Werkstück ruhen, bis der Leim abgebunden hat.

Wenn Sie mit der Anordnung einverstanden sind, messen Sie den Abstand großzügig mit dem Zollstock und sägen Sie die beiden Zargen zu. Benutzen Sie auch hier wieder die zuerst ausgesägte Zarge, um die zweite anzureißen. Wenn Ihre Säge eine Querschubeinrichtung mit Längenanschlag hat, ist es kein Problem, zwei gleich lange Zargen zu erhalten. Andernfalls markieren Sie die Länge der Zarge mit Bleistift auf dem Sägetisch.
Bestreichen Sie die Zargenenden dünn mit Leim, dann stellen Sie das ganze Untergestell kopfüber auf die Arbeitsplatte und setzen die Schraubzwinge zunächst nur locker an, sodass Sie die Position der Teile noch verändern können.

TIPP

Die Schraubzwingen immer mit Gefühl festziehen, bis der Leim, den Sie hoffentlich nicht zu dick aufgetragen haben, aus den Fugen als dünne weiße Spur heraustritt.

⑦ Stellen Sie das Untergestell auf die Füße, um die Versenklöcher für die Schrauben zu markieren. Achten Sie darauf, dass die Schrauben möglichst nicht im gleichen Faserverlauf sitzen. So wird ein Aufplatzen des Holzes vermieden.

⑧ Bohren Sie die Versenklöcher etwa 4 mm tief mit einem 9-mm-Holzdübelbohrer mit Zentrierspitze.

⑨ Geben Sie etwas Leim in die Versenklöcher, dann werden Holzstopfen hineingesteckt und leicht festgeklopft.

⑩ Nach dem Trocknen des Leims werden die Stopfen mit dem Bandschleifer plan geschliffen. Spannen Sie das Fußbänkchen fest und setzen Sie den Bandschleifer vorsichtig auf, damit die Stopfen nicht herausgeschleudert werden.

⑪ Legen Sie das Untergestell umgekehrt auf die Platte des Fußbänkchens. Mit dem Zollstock prüfen Sie, ob es in der Mitte sitzt. Die endgültige Position wird mit Bleistift markiert.

⑫ Leimen Sie die Oberseite der Füße und der Zargen gleichmäßig, aber nicht zu dick ein.

Wischen Sie überschüssigen Leim nie mit dem Lappen ab, denn Sie drücken ihn dabei ins Holz. Das gibt Flecken, die nach der Oberflächenbehandlung sichtbar bleiben. Zum Abkratzen verwenden Sie ein scharfes Eisen (Stechbeitel oder Messer).

Überzeugen Sie sich, ob die Fugen überall schließen. Korrigieren Sie gegebenenfalls den Sitz der Schraubzwinge. Sie darf sich beim Festziehen nicht verkanten. Bekleben Sie die Schraubzwingen mit Teppichbodenresten, um Druckstellen auf dem Holz zu vermeiden.

Nun mutig und nach Augenmaß die Versenklöcher für die Schrauben bohren. Platzieren Sie sie so, dass die Schrauben die Zargenenden nicht aufplatzen lassen. Lassen Sie den Leim trocknen.

⑬ *Wenn die Platte aufgeleimt ist, werden von oben Versenklöcher gebohrt, um Platte und Untergestell mit Schrauben zu verbinden.*

⑭ *Auch diese Bohrlöcher werden mit Holzstopfen verschlossen. Die Stopfen werden plan geschliffen.*

⑮ *Den Eselsrücken-Ausschnitt im Fußteil schleifen Sie von Hand, zuerst mit 80er-, dann mit 100er-Schleifpapier. Eine als Schleifklotz verwendete dünne Leiste, um die Sie das Schleifpapier wickeln, erleichtert diesen Arbeitsgang.*

Zusammenbau

In die Versenklöcher geben Sie mit einem Span einen Tropfen Leim. Lösen Sie die Schraubzwinge, schlagen Sie die Stopfen ein und schleifen Sie sie mit dem Bandschleifer mit der Umgebung plan. Legen Sie die Platte umgekehrt auf den Arbeitstisch, setzen Sie das Gestell darauf und zentrieren Sie es zunächst nach Augenmaß, für den genauen Sitz mit dem Zollstock. Markieren Sie die Ecken mit dem Bleistift, bestreichen Sie das Untergestell mit Leim und befestigen Sie die Platte darauf. Mit Band- und Schwingschleifer brechen Sie die Kanten der Platte. Sie werden nach Belieben abgerundet.

Oberflächenbehandlung

Für den Endschliff nehmen Sie zum Lackieren 120er-, zum Ölen 180er-Schleifpapier. Streichen Sie das ganze Bänkchen bis in alle Ecken sorgfältig und zügig ein; das Öl darf ruhig etwas triefen. Wischen Sie mit dem Lappen hinterher. Warten Sie einige Minuten, bis das Öl ins Holz eingezogen ist, wischen Sie mit dem öligen Lappen die ganze Oberfläche nochmals tüchtig ab und verteilen Sie so die Überstände. Die Hirnholzflächen sind besonders durstig, hier müssen Sie vielleicht noch einmal nachölen. Am nächsten Tag polieren Sie das Holz mit einem trockenen Lappen.

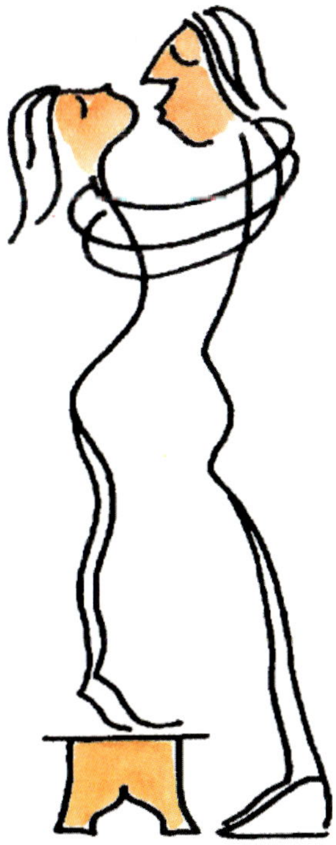

Schmetterlingshocker – indianisches Design

Wenn Sie längere Zeit auf dem Fußbänkchen sitzen, werden Sie feststellen, dass dessen platte Sitzfläche der Form Ihres Hinterteils nicht so richtig angepasst ist. Deshalb bauen Sie jetzt einen Hocker, der der menschlichen Anatomie an der kritischen Stelle besser entspricht: einen Indianer- oder Schmetterlingshocker. Shuara-Indios in Ecuador haben ähnliche Hocker. Sie sind einfach aus vier Brettern zusammengenagelt, mit einem extrem tiefen Sitzknick.

Niedrig hocken wäre auch für uns vielleicht natürlicher und gesünder, aber uns hat der große Manitu zu früh aus dem Ofen genommen, sagt man, deshalb sind wir nun einmal weiße Indianer geblieben, zivilisationsgeschädigte Hoch-Sitzer sozusagen. Daher fällt bei unseren Hockern der Sitzknick flacher aus.

Der Hocker ist trotz seiner ungewohnten Form äußerst bequem. Ein schönes Beispiel für ein Elementarmöbel: Mehrere Hocker um einen niedrigen Tisch gruppiert ergeben in einem kleinen Raum eine stimmungsvolle Sitzrunde – vielleicht für Ihre Teezeremonie?

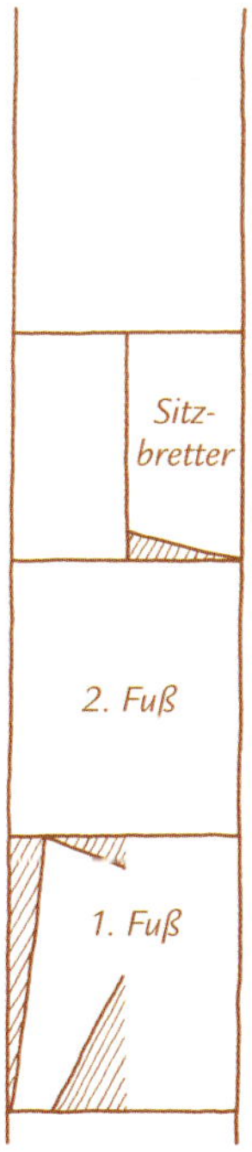

Beim Bau gehen Sie zunächst ähnlich vor wie beim Fußbänkchen. Für den Sitz benötigen Sie zwei Bretter, die wie die Flügel eines Schmetterlings schräg nach oben stehen. Dazu werden oben in die Füße entsprechende Winkel gesägt. Dieser Winkel kann umso spitzer sein, je niedriger der Hocker ist.

Anstelle der Zargenbretter leimen und schrauben Sie zur Verstärkung eine Leiste zwischen die Beine; je dicker sie ist, desto stabiler wird das Ganze.

Mit dem »Holzkissen«, einer in den Winkel eingepassten dreieckigen Leiste, wird der Hocker zu einer bequemen Sitzgelegenheit.

Wie beim zuvor beschriebenen Muli werden für alle Schrauben Versenklöcher gebohrt, die Sie nach dem Eindrehen der Schrauben mit Holzstopfen verschließen.

Der Hocker lässt sich, mit etwas höheren Fußteilen, zu einem Stuhl umbauen.

Schleifen Sie die Überstände mit dem Bandschleifer plan und runden Sie die Kanten des Hockers nach Belieben.

Nun kommt die Sitzprobe – und Sie erfahren, dass Sie ein wahrhaft »ergonomisches«, der Körperform des Menschen angepasstes Sitzmöbel gebaut haben.

Wenn Sie jetzt noch eine in den Winkel eingepasste Leiste, das »Holzkissen«, in die Sitzkuhle legen, ist der Sitzkomfort perfekt.

Einfache Gestelle

Bett

Dieses Bett ist eine außerordentlich stabile Konstruktion. Die Stollenbauweise erspart komplizierte Montagebeschläge. Die Seitenteile werden von innen in die Beine eingesetzt und mit Schrauben fixiert. Wenn Sie ein metallfreies Bett haben wollen, verwenden Sie anstelle der Schrauben Holznägel, vielleicht aus einem anderen Holz oder aus verschiedenfarbigen Hölzern ver-

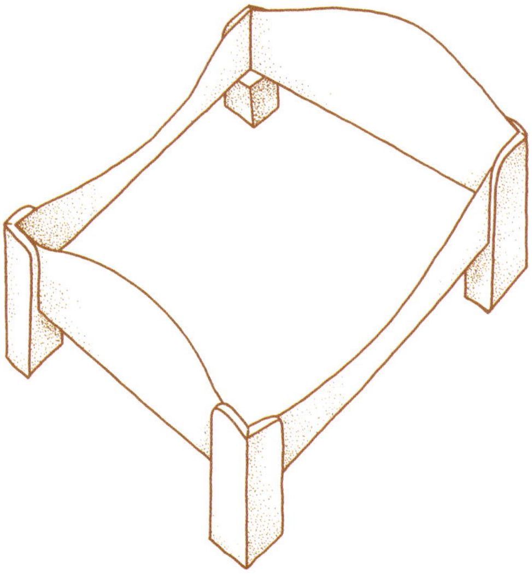

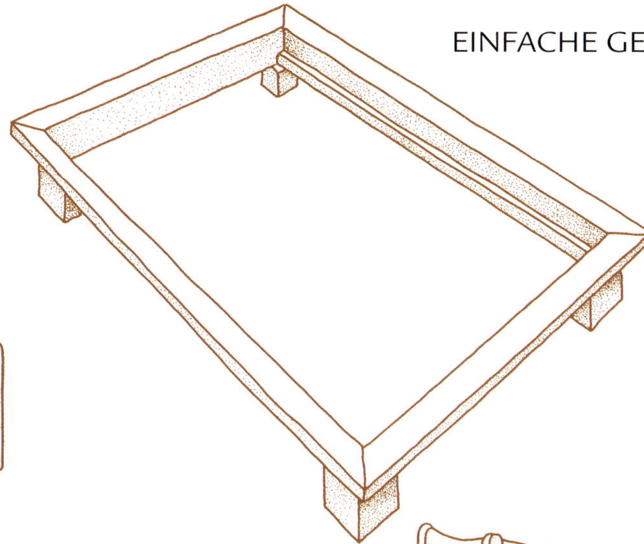

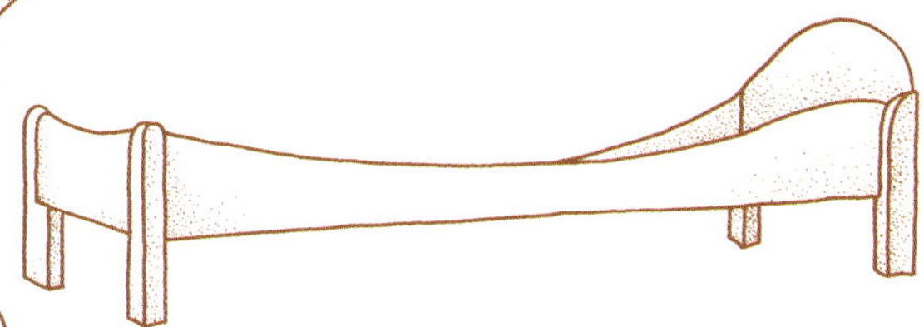

leimt. Das Konstruktionsprinzip erlaubt alle möglichen Variationen, vom Oma- bis zum Futon-Bett. Ein einfacher Lattenrost kann aus gehobelten und gefasten Hartholzleisten bestehen, die an den Seiten mit aufgetackerten Rollladengurten verbunden sind.

Schnittliste

Holzdicke 20 mm
für die Stollenfüße:
4 Bretter, 10 x 40 cm
4 Bretter, 12 x 40 cm
4 Bretter, 18,5 x 40 cm
Fuß-, Kopfteil:
2 Bretter, jeweils 15 cm breit,
Länge: Lattenrostbreite plus 4 cm
2 Auflageleisten für Fuß-, Kopfteil (bei Betten ab 140 cm Breite),
jeweils 5 cm breit,
Länge: Lattenrostbreite
2 Seitenteile, 15 x 200 cm
2 Auflageleisten für Seitenteile, 5 x 196 cm
1 Mittelauflage (bei Betten ab 140 cm Breite), 10 x 200 cm

Weiteres Material
Schrauben, 3,5 x 35 mm
20–25 Hartholzleisten für den Lattenrost, etwa 15 mm dick und 60–70 mm breit
4 m Rollladengurt

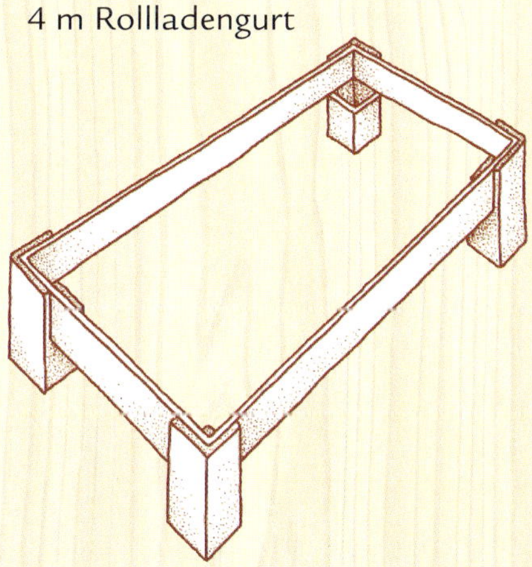

Bauanleitung

● Leimen Sie die Auflageleisten bündig mit der unteren Kante innen an den Seitenteilen fest. Die Leisten werden zusätzlich mit jeweils 5 Schrauben fixiert. Schraubenlöcher vorbohren und mit dem Ausreiber erweitern, um die Schraubenköpfe zu versenken. Die Schraubpunkte liegen, 10 cm vom Rand beginnend, 45 cm auseinander. Zum Einspannen stellen Sie die Seitenteile mit den Außenseiten gegeneinander, dann setzen Sie drei bis vier Schraubzwingen an. Die Auflageleisten zeigen dabei nach außen (siehe Zeichnung).

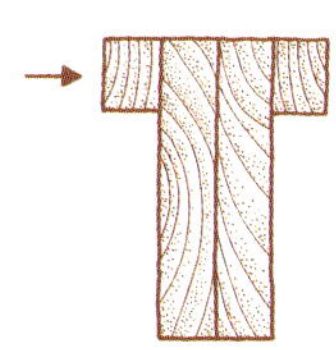

● Bei Betten ab 140 cm Breite benötigen Sie eine Mittelauflage für den Lattenrost. Dazu bringen Sie sowohl am Kopf- als auch am Fußteil Auflageleisten an, die verleimt und mit jeweils vier Schrauben fixiert werden. Vor dem Befestigen sägen Sie die Aussparung für die Mittelauflage heraus. Die Aussparung entspricht an der Basis der Breite der Mittelauflage (10 cm) und läuft nach oben schräg zusammen auf etwa 8–9 cm Breite, sodass beim fertigen Bett die Mittelauflage in ihrer Position gehalten wird und nicht nach oben herausrutschen kann. Die Enden der Mittelauflage müssen Sie seitlich entsprechend abschrägen (siehe Zeichnung).

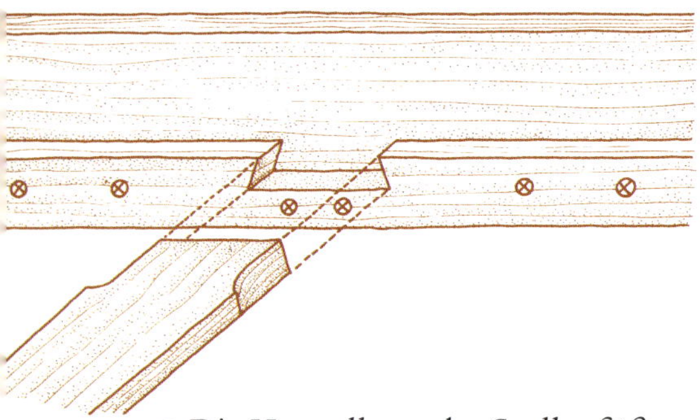

● Die Herstellung der Stollenfüße wird aus der Zeichnung (oben rechts) deutlich: Leimen Sie ein 10 cm breites und ein 12 cm breites Brett seitlich an das 18,5 cm breite Brett. Dabei entsteht eine U-förmige Rinne. Die seitlichen Bretter werden mit jeweils zwei Schrauben fixiert. Alle Schrauben werden versenkt, die Schraubenlöcher später mit Holzstopfen verschlossen. Mit der Kreissäge sägen Sie die Rinne auseinander, sodass Sie zwei L-förmige Profile erhalten. Korrigieren Sie die Breite der Schenkel mit dem Hobel auf die Außenmaße 12 x 12 cm und 10 x 10 cm. Dann leimen Sie die Winkel zusammen, wobei der kleinere innere um 15 cm (= Breite der Seitenbretter) nach unten versetzt angebracht wird. Damit die Teile beim Zusammenpressen nicht gegeneinander verrutschen, fixieren Sie die Kanten mit jeweils zwei Schrauben. Schließlich sägen Sie den unten überstehenden Teil des inneren Winkels ab, um eine einheitliche Standfläche zu erhalten.

● Vor dem Zusammenbau des Bettrahmens werden alle Teile geschliffen und die Oberflächen behandelt.

● An den Füßen bringen Sie zunächst Kopf- und Fußteil an. Sie werden in den Innenwinkel der Stollenfüße gesetzt und mit jeweils zwei Schrauben von innen befestigt. Mit dem Ausreiber stellen Sie die Versenklöcher für die Schraubenköpfe her. Die Schraubpunkte sollten diagonal versetzt sein, damit sie nicht im gleichen Faserverlauf liegen (siehe Zeichnung).

Die Bettfüße sind als Stollen konstruiert. Sie werden fertig geschliffen, bevor die Kopf- und Seitenteile angebracht werden.

● Auf die gleiche Weise werden die Seitenteile gegen die Stollenfüße geschraubt. Setzen Sie vorher die Mittelauflage ein. Der Bettrahmen ist nun fertig.

● In den Bettrahmen passt ein handelsüblicher Lattenrost. Sie können aber auch selbst einen Lattenrost herstellen. Dazu benötigen Sie

Kopf- und Seitenteile werden aufgelegt und von innen gegen die Füße geschraubt.

Hartholzleisten (etwa 15–20 mm dick und 60–70 mm breit), je nach Leistenbreite und Zwischenraum 20–25 Stück. Beim Zuschnitt sägen Sie die Leisten etwa 3–4 mm kürzer als das Innenmaß des Bettrahmens, dann haben Sie beim Einlegen etwas Spielraum und das Bett kann nicht quietschen. Die Leisten dürfen an der Oberseite keine scharfen Kanten aufweisen, weil sie sonst Matratzenschoner oder Matratze beschädigen könnten. Daher werden alle oberen Kanten leicht angefast (Fasenwinkel etwa 30 Grad, Fasenfläche etwa 5 mm). Damit diese Arbeit serienmäßig und flott erledigt werden kann, schrauben Sie vorn auf den Arbeitstisch zwei parallele Hilfsleisten, zwischen die Sie die Latten hochkant einklemmen, um sie zu schleifen (siehe Zeichnung).

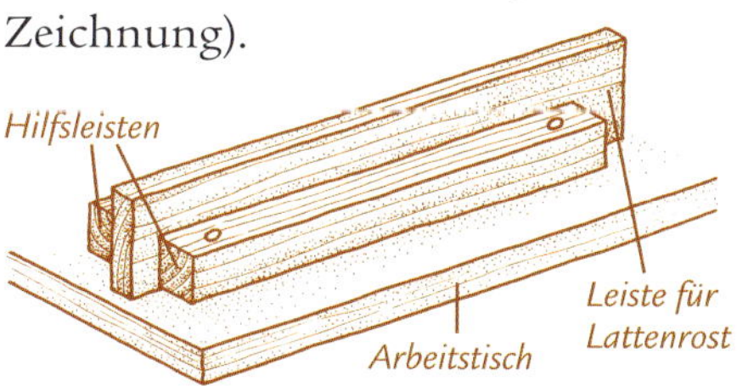

● Um gleiche Abstände zwischen den Leisten zu gewährleisten, sägen Sie aus einer 2–3 cm dicken Rechteckleiste entsprechend viele Abstandhalter. Legen Sie die Leisten für den Lattenrost (die erste liegt bündig am Kopfteil an) mit der gefasten Oberseite nach unten in den Bettrahmen und stecken Sie jeweils links und rechts einen Abstandhalter dazwischen (siehe Zeichnung). Sollte am Ende eine Lücke von einigen Zentimetern bleiben, in die keine weitere Leiste hineinpasst, ist das kein Problem, denn diese Lücke halbiert sich später, wenn Sie den Lattenrost mittig zwischen Kopf- und Fußteil ausrichten.

● Legen Sie links und rechts den Rollladengurt auf und tackern Sie ihn auf den Leisten fest. Achten Sie

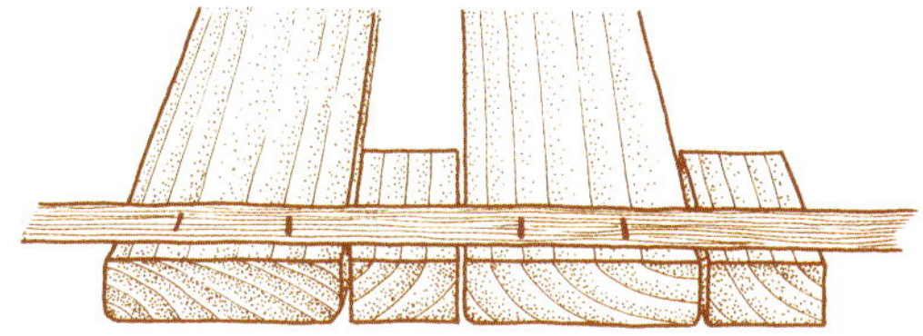

darauf, dass sich die Leisten dabei nicht verschieben. Nehmen Sie die Abstandhalter heraus, dann drehen Sie den Lattenrost herum.

● Den fertigen Lattenrost richten Sie so aus, dass er gleiche Abstände zu Kopf- und Fußteil hat. Damit er sich nicht verschiebt, werden jeweils die beiden äußeren Leisten und zwei oder drei Leisten in der Mitte auf der seitlichen Auflage festgeschraubt.

»Blütenbett« für kleine Elfen. (Kirschholz)

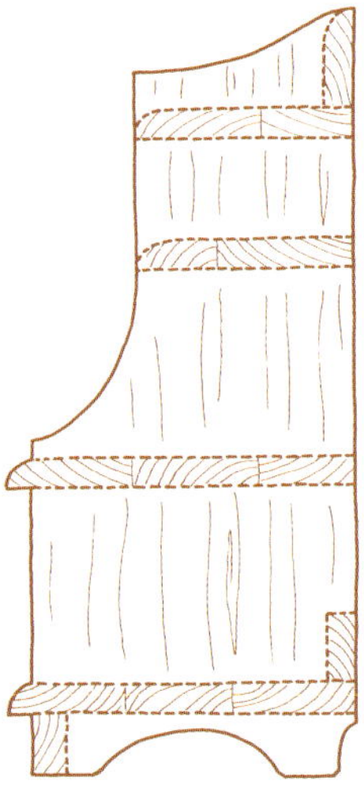

Regal

Aus der Tragfähigkeit eines Bretts ergibt sich die Breite dieses Möbels: Sie beträgt für Bücher bei einem 20 mm dicken Brett etwa 70 cm, bei einem 30 mm dicken Brett etwa 90 cm. Das Regal ist 195 cm hoch. Ein schlankes Regal lässt sich überall aufstellen und mit anderen kombinieren. Die Aufteilung wurde so gewählt, dass der untere Teil für schwere oder größere Gegenstände (z. B. Aktenordner, Stereoanlage) geeignet ist und im oberen Teil Bücher eingestellt werden können. Das Bauprinzip des Regals lässt sich auch auf Schränke übertragen.

Schnittliste

Holzdicke 30 mm
2 hintere Zargen, 16 x 70 cm
1 vordere Zarge, 8 x 70 cm

Holzdicke 22 mm
4 schmale obere Fachböden, 21 x 70 cm
2 breite untere Fachböden, 30 x 70 cm
2 Seitenwände, 30 x 195 cm (siehe Zeichnung)

Weiteres Material
Schrauben, 3,5 x 50 mm

Bauanleitung

● Überlegen Sie zunächst, was Sie in Ihrem Regal unterbringen wollen. Sollen im unteren Teil Aktenordner stehen, müssen die Fachböden einen Abstand von mindestens 35 cm haben. Im oberen Teil brauchen Sie Abstände von 30 cm für Bücher im DIN-A4-Format. Wenn Sie kleinere Abstände wählen (für Taschenbücher genügen meist 25 cm), können Sie ein weiteres Regalbrett einbauen.

● Die Form für die Seitenwände, die im oberen Bereich schmal und unten breit sind, wählen Sie nach eigenem Geschmack. Sägen Sie zunächst eine Seitenwand zu. Sie dient als Schablone für die zweite oder – bei Herstellung mehrerer Regalteile – für alle weiteren. Falls Sie zu einem späteren Zeitpunkt weitere Regale bauen wollen, stellen Sie ein unbearbeitetes Brett neben ein fertiges Regal und übertragen die Konturen mit einem Bleistift.

● Zwei zugeschnittene Seitenwände legen Sie mit der Außenseite nach unten, Rücken an Rücken, auf den Arbeitstisch (siehe Zeichnung).

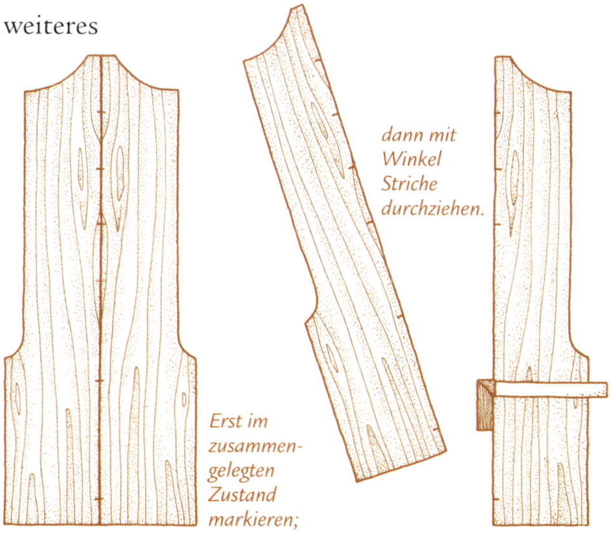

Mit einem großen Winkel zeichnen Sie auf beiden Teilen die Unterkanten der Fachböden an: für den untersten Fachboden 8 cm (= Höhe der Zarge) von unten, für den obersten 18,2 cm (= Höhe der oberen Zarge plus Dicke des Fachbodens) von oben. Die Abstände zwischen den schmalen Fachböden im oberen Teil sollten gleich sein. Dazu stellen Sie sich am besten aus einer Leiste eine Abstandsschablone her.

● Als erstes Element bauen Sie die vordere und hintere untere Zarge mit dem untersten Fachboden zusammen. Die vordere Zarge wird an der Oberkante mit Leim eingestrichen und mit drei Schrauben unter dem Boden befestigt. Sie kann aus optischen Gründen um ein bis zwei Zentimeter nach hinten versetzt werden (Zeichnung unten links). Versenken Sie die Schraubenköpfe und verschließen Sie die Bohrung später mit einem Holzstopfen. Den überstehenden Teil des Stopfens müssen Sie plan schleifen, bevor der Fachboden eingebaut wird. Die hintere Zarge wird auf den Fachboden gesetzt (bündig mit der hinteren oberen Kante) und ebenfalls mit Leim und Schrauben fixiert. Hier genügt es, wenn Sie mit dem Ausreiber eine Vertiefung für die Schraubenköpfe herstellen.

● Bauen Sie auch die hintere obere Zarge und den obersten Fachboden zusammen (Zeichnung unten rechts).

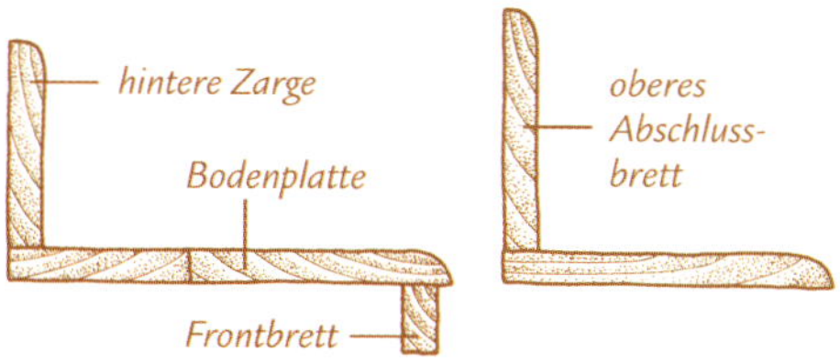

Die Zarge wird auf den Fachboden geleimt und geschraubt. Da die Schraubpunkte von unten sichtbar sind, werden hier die Schraubenköpfe wieder versenkt und die Bohrungen mit Holzstopfen verschlossen.

- Zum Zusammenbau des Regals legen Sie die Seitenwände aufrecht auf Unterlegleisten (siehe Zeichnung; Herstellung siehe unten).

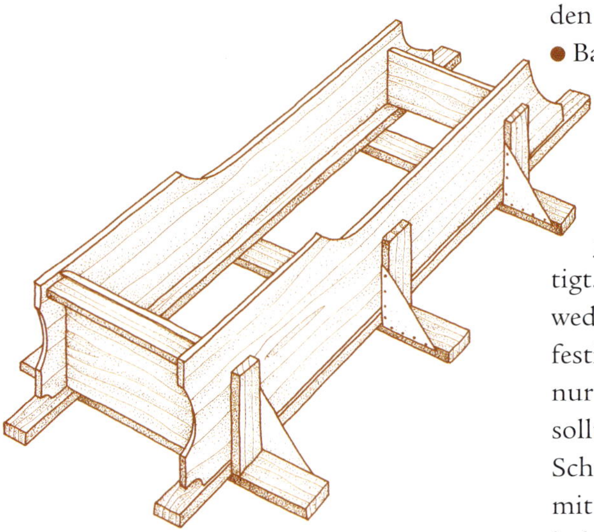

Zuerst wird der untere Fachboden montiert: Streichen Sie die Außenkanten mit Leim ein, setzen Sie den Fachboden zwischen die beiden Außenseiten und fixieren Sie das Ganze leicht mit einer Schraubzwinge. Als »Gegenlager« setzen Sie den oberen Fachboden mit ein, allerdings ohne ihn einzuleimen. Er wird zuletzt verschraubt.

- Solange der Leim noch nicht abgebunden hat, lässt sich der Fachboden behutsam mit dem Hammer in die richtige Position klopfen. Damit das Holz dabei nicht beschädigt wird, legen Sie eine Leiste unter.
- Der untere Fachboden und die Zargen werden von außen mit den Seitenwänden verschraubt. Für den breiten Fachboden benötigen Sie vier Schrauben, die vordere Zarge wird mit einer, die hintere mit zwei Schrauben befestigt. Achten Sie darauf, dass die Bohrungen für die Fachböden jeweils in einer Linie liegen und untereinander gleiche Abstände haben. Alle Bohrlöcher werden mit Holzstopfen verschlossen.
- Bauen Sie nun, von unten nach oben fortschreitend, die weiteren Fachböden ein. Die schmalen Fachböden werden mit jeweils drei Schrauben befestigt. Sie können jeden Boden entweder gleich an beiden Seiten befestigen oder alle Böden zunächst nur an einer Seite. In jedem Fall sollten Sie aber die Seitenteile mit Schraubzwingen einspannen, damit sich die Fachböden beim Vorbohren oder beim Eindrehen der Schrauben nicht mehr verschieben.
- Wenn alle Schraublöcher mit Holzstopfen verschlossen und die Seitenteile und Böden abschließend geschliffen sind, fehlt nur noch die Oberflächenbehandlung mit Öl, Wachs oder Lack.

Herstellung von Unterlegleisten

Unterlegleisten dienen als Hilfskonstruktion beim Zusammenbau Ihrer Möbel. Sie werden aus 50 mm dickem Holz gesägt. Die Leisten sollten etwa 7 cm breit sein und rund 10 cm länger, als die Breite des Möbelstücks beträgt. An einem Ende befestigen Sie im rechten Winkel einen 20 cm langen Schenkel mit demselben Querschnitt, sodass ein L entsteht. Der kurze Schenkel zeigt nach oben und dient als seitliche Abstützung für die Seitenwände beim Zusammenbau des Möbels. Mit einem Sperrholzdreieck kann der Winkel zusätzlich stabilisiert werden (siehe Zeichnung).

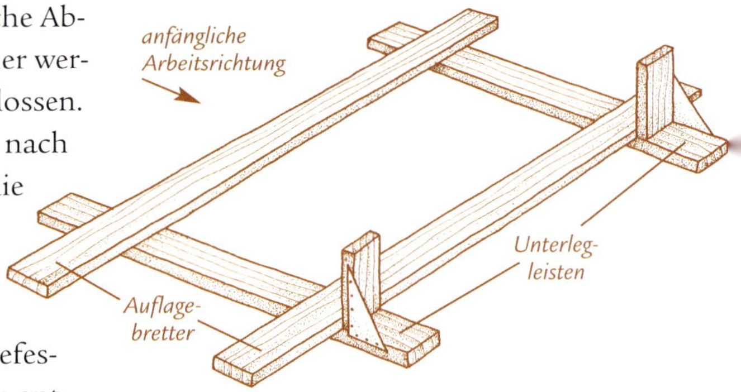

Mitunter ist es sogar praktisch, eine Seitenwand an den Schenkel einer Unterlegleiste anzuschrauben. Das Schraubloch sollte entweder im Bereich eines Fachbodens liegen, dann kann es bei der Befestigung des Bodens verwendet werden, oder Sie müssen es später mit Holzkitt verschließen.

Mit dem Zusammenbau beginnen Sie an der gegenüberliegenden Seite. Auf diese Weise stellen Sie sicher, dass die Einzelteile nicht umkippen oder herunterfallen.

Unter die Seitenteile legen Sie kräftige Längsleisten, damit Zargen und Boden- oder Deckelplatten bündig mit den hinteren Kanten der Seitenteile montiert werden. Damit vor der Rückwand liegende Fachböden bei der Montage nicht in die Nut hineinragen, legen Sie entsprechend dicke Leisten innen längs der Seitenteile unter.

Tische

Der Tisch ist der soziale Mittelpunkt der Wohnung. An ihm ist zu erkennen, wie wichtig Zusammenleben, Geselligkeit und Gastfreundschaft genommen werden.
Die strengen Zeiten, da man sich nach den Benimmregeln eines Herrn Knigge stocksteif um den Tisch versammelte, gehören glücklicherweise der Vergangenheit an. Heute geht es bei Tisch zwangloser zu: Wir wollen unsere Beine ausstrecken können, vielleicht auch übereinander schlagen, ohne an Tischbeine oder zu weit herunterhängende Zargen anzustoßen. Für die Konstruktion der Tischbeine gibt es daher nur eine Alternative: Entweder sie werden ganz nach außen an die Ecken gesetzt, sodass man sich dazwischen setzen kann, oder möglichst weit nach innen, dass vor ihnen genug Platz für die Beine bleibt – immer vorausgesetzt, dass die Tischplatte eine vernünftige Breite von mindestens 85 cm hat, sodass große Salatschüsseln, Kerzenleuchter und die herrlichen Speisen auch zwischen den Tellern Platz haben.
Der erste hier vorgestellte Tisch wird »Esstisch«, der zweite »Schreibtisch« genannt, aber das sind willkürliche Bezeichnungen; Sie können die Zwecke auch anders bestimmen.

Tischplatte

Natürlich kann man sich viel Arbeit ersparen und im Baumarkt Leimholzplatten kaufen. Die sind industriell hergestellt und sehen aus wie ein Stück Parkettfußboden: etwa 5 cm breite Leisten, parallel verleimt. Aufgrund des gekappten Zellverbundes und der dichten Verleimung können sich diese Platten kaum verziehen.
Die Tischplatte soll aber ein Gesicht haben, aus dem das natürliche, lebendige Material spricht. Daher werden die Platten der hier gezeigten Tische aus Brettern zusammengeleimt.

Voraussetzungen

Das Holz muss trocken sein und Raumtemperatur haben. Wenn es für eine Tischplatte verwendet wird, sollte die Holzfeuchtigkeit nicht mehr als zwölf Prozent betragen. Wählen Sie möglichst die breitesten Bretter des Stammes aus. Sie sollten etwa 35 mm dick sein, damit Sie nach dem Hobeln auf eine Plattendicke von 30 mm kommen. In den Schnittlisten der einzelnen Möbel ist jeweils dieses Endmaß nach dem Hobeln angegeben. Beim Zuschnitt auf Länge geben Sie rund 10 cm zu. Suchen Sie genügend passende Bretter aus, sodass ihre gesamte Breite etwa um ein Drittel größer ist als die Platte, die Sie herstellen wollen. Beim Säumen und Herausschneiden des Kerns gibt es immer mehr Verlust als gedacht, und Plattenreste können Sie immer noch für Fachböden verwenden.

Säumen und Zuschneiden

Legen Sie zum Bearbeiten die Bretter mit der Waldseite nach oben und richten Sie die Unterseite ab, sodass die Bretter glatt und gut auf dem Sägetisch aufliegen. Bei sehr breiten und entsprechend verzogenen Brettern sägen Sie das Brett vorher mit der Stichsäge oder der Handkreissäge durch den Kern auf, damit beim Abrichten nicht zu viel an Dicke verloren geht.

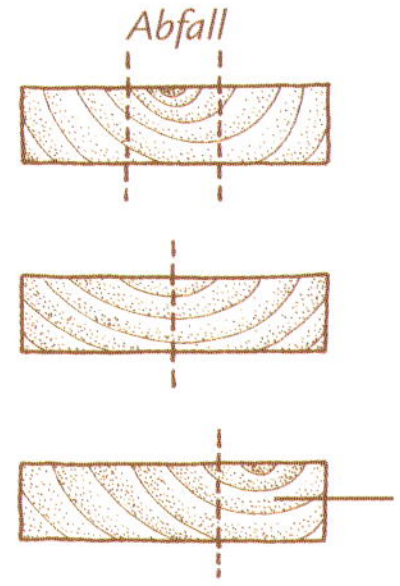

Mustern Sie genau die Beschaffenheit der Außenkante. Sägen Sie zunächst eine Längskante des Brettes ab, sodass Rinde und schadhaftes Splintholz abfallen. Messen Sie mit dem Zollstock den geringsten Abstand von der Außenkante bis zu der Stelle, wo das Holz in Richtung Kern rissig wird, und stellen Sie den Parallelanschlag der Kreissäge entsprechend ein. Generell kann man 5 bis 12 cm breite »gute« Bretter gewinnen. Bei sehr breiten Brettern müssen die verwendbaren Breiten noch einmal aufgesägt werden. Prüfen Sie, ob die gesägte Kante auch wirklich frei von kleinen Rissen ist. Nötigenfalls muss noch ein Span abgesägt werden. Drehen Sie nun das Brett um und beginnen Sie wieder mit der Außenkante (Zeichnung unten links).

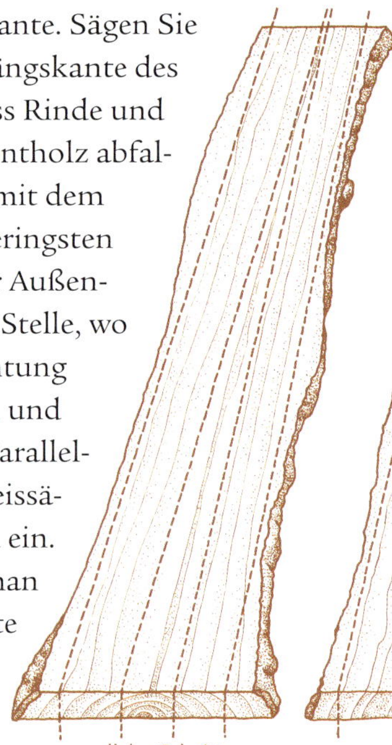

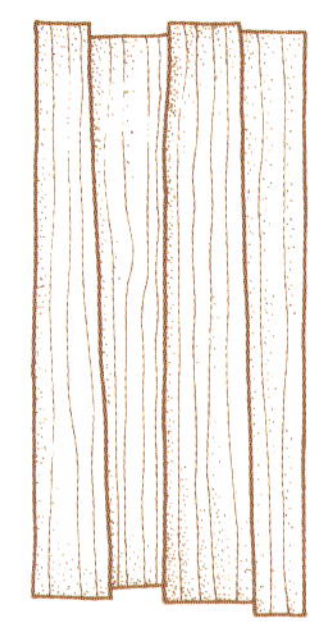

Wenn das Brett stark keilförmig zuläuft, Sie aber dennoch möglichst viel davon verwenden wollen, folgen Sie beim Zuschnitt der Form und ordnen Sie die Teile bei der Plattenverleimung versetzt an, um einerseits ein harmonisches Bild zu bekommen und andererseits Spannungen auszugleichen (Zeichnung oben rechts).

Das nun folgende Abrichten ist die diffizilste Arbeit. Lassen Sie sich vor dem ersten Versuch den Arbeitsvorgang unbedingt in aller Ruhe zeigen.

Überzeugen Sie sich, ob die Sicherheitseinrichtungen an der Hobel-

Beim Aussuchen der Bretter im Sägewerk seien Sie wählerisch. Verwenden Sie nur fehlerlose gerade Bretter mit schöner Maserung.

maschine komplett sind. Schieben Sie die Bretter mit der Waldseite nach unten über die Abrichte und benutzen Sie dabei ein Schiebeholz. Die Unterseite muss danach so plan sein, dass sie auf dem Tisch der Hobelmaschine nicht mehr wackelt. Nun stellen Sie das Brett hochkant mit der gehobelten Seite gegen den Anschlag und schieben es sachte mit gleichmäßigem Druck daran entlang, um die Schmalkante exakt rechtwinklig zur bereits abgerichteten Fläche zu hobeln. Vermeiden Sie den nahe liegenden Fehler, den Anfang und das Ende des Bretts zu stark auf den Maschinentisch zu drücken.
Peilen Sie an der Kante entlang, um zu prüfen, ob die Kante gerade ist und keine Stufen zeigt. Legen Sie zwei abgerichtete Bretter auf den Tisch der Hobelmaschine und drücken Sie sie zusammen, um zu kontrollieren, ob die Leimfuge rechtwinklig zur Fläche verläuft, also der Anschlag genau eingestellt ist, und ob die Fuge gleichmäßig schließt.

Erfahrungsregeln

In klassischen Handbüchern für Schreiner findet man die Regel, dass die Bretter so verleimt werden sollen, dass von oben Wald- und Baumseite abwechselnd sichtbar sind und an der Stirnholzkante die Jahresringe als Wellenlinie erscheinen.
Nach meiner Erfahrung ist es besser, bei Tischplatten überwiegend die Baumseite nach oben zu nehmen – vorausgesetzt, der Kern ist einigermaßen großzügig herausgeschnitten (Zeichnung links). So sind zum einen weniger Trockenrisse sichtbar, zum anderen ist es vorteilhaft, wenn die Platte leicht nach unten schüsselt, weil so die Fugen zwischen Platte und Untergestell geschlossen bleiben.

Anders ist es, wenn eine Platte bei einem Möbelstück senkrecht steht, z. B. beim Kopfteil eines Bettes; dann gilt in jedem Fall die traditionelle Regel, dass sich Wald- und Baumseite abwechseln sollen.

Ein Bild für die Zukunft

Nehmen Sie sich Zeit bei der Auswahl der Bretter. Schließlich werden Sie sehr oft an dem Tisch sitzen und sich daran erfreuen wollen. Nehmen Sie möglichst Bretter aus nur einem Stamm, sodass die Maserung ein harmonisches Gesamtbild ergibt. Vielleicht gefallen Ihnen an einer Stelle auch eigenwilliger Wuchs oder ein eingewachsener Ast besonders gut. Oder gar ein Astloch – es wird jedem Kind auf ewig in Erinnerung bleiben.

Zusammenbau

Damit sie verleimt werden können, müssen die Bretter winkelgerecht und lückenlos zusammenpassen. Dazu werden sie zunächst wie oben beschrieben auf der Unterseite gehobelt, dann werden die Schmalkanten abgerichtet. Die Oberseite der Bretter lassen Sie fast sägerau. Sie wird nur leicht gehobelt, damit der Verlauf der Maserung sichtbar wird. Legen Sie die Bretter in der Reihenfolge, wie sie später verleimt werden sollen, auf zwei Unterlegleisten aus. Markieren Sie ihre Lage durch einen mit Bleistift quer über die ganze Fläche gezeichneten Winkel (siehe Zeichnung).

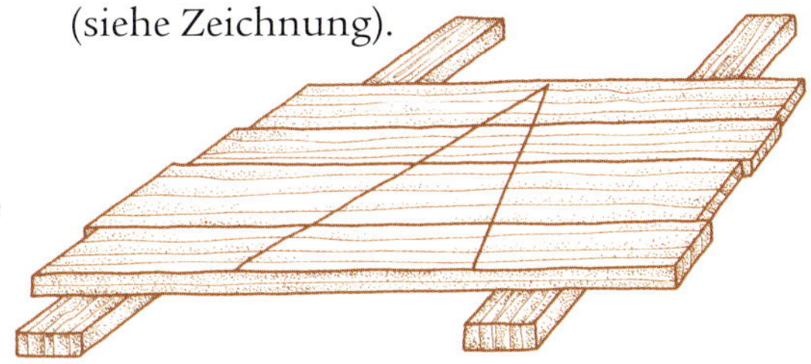

Zunächst verleimen Sie die Bretter zu Plattenteilen von maximal 40 cm Breite. Mit dieser Breite kann man noch hantieren, um sie zu hobeln oder, wenn nötig, noch einmal abzurichten, bevor sie dann zur Platte zusammengeleimt werden.
Zum Einleimen stellen Sie die Bretter – bis auf das erste – nebeneinander auf die einzuleimende Schmalkante. Spannen Sie sie mit Schraubzwingen zu einem Bündel zusammen. Die Schmalkanten bilden jetzt eine Fläche, die Sie mit einer kleinen Schaumstoffrolle gleichmäßig einleimen (siehe Zeichnung).

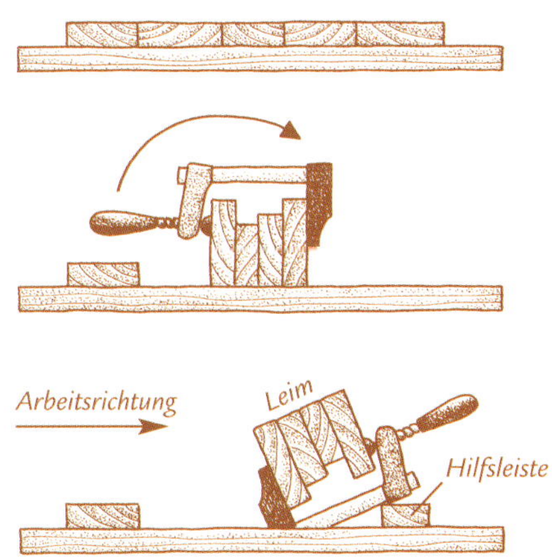

Anschließend legen Sie die Bretter wieder zu einer Fläche zusammen. Beachten Sie den Markierungswinkel, damit die Leisten in der richtigen Reihenfolge liegen. Wenn Sie gut gehobelt haben und glatte, einwandfreie Unterlegleisten benutzen, erhalten Sie eine ebene Fläche, wenn Sie die Leisten mit Schraubzwingen zusammenpressen. Die Schraubzwingen dürfen allerdings nicht verkantet angesetzt werden. Schützen Sie die Schmalkanten mit dünnen Abfallleisten, damit keine Druckstellen durch die Schraubzwingen entstehen.
Stellen Sie zwei oder drei Plattenteile her. Bevor Sie diese Teile zur Tischplatte zusammenleimen, hobeln Sie die Oberfläche, bis alle die gleiche Dicke haben (etwa 30 mm). Auf diese Weise stellen Sie sicher, dass die fertige Platte keine unschönen Absätze aufweisen wird. Damit sich die Plattenteile beim Zusammenleimen nicht in der Höhe gegeneinander verschieben, legen Sie quer über und unter die Platte dicke Leisten oder Kanthölzer, die Sie mit Schraubzwingen zusammenpressen (siehe Zeichnung). Denn auch bei kleinstem Versatz entstünde eine Stufe zwischen den Plattenteilen, die Sie später mühsam mit dem Bandschleifer wegschleifen müssten.

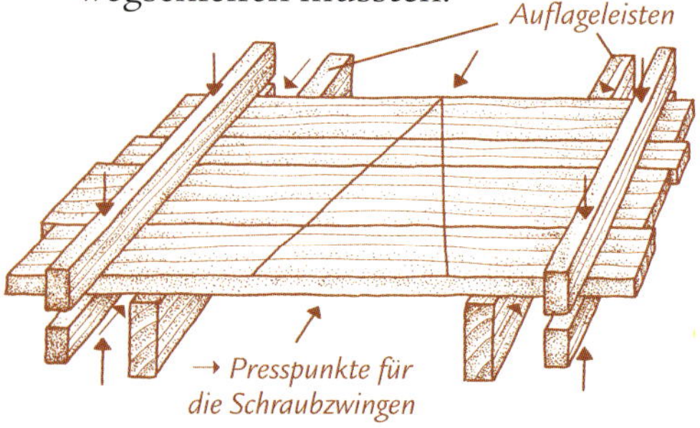

Entfernen Sie die Schraubzwingen erst, nachdem der Leim richtig ausgehärtet ist. Jetzt schneiden Sie die Platte auf die benötigte Länge und Breite zu. Erst wenn die Tischplatte auf dem Untergestell montiert ist, bearbeiten Sie die Kanten und schleifen Sie die Oberfläche.

Herstellung der Klemmklötze

Wenn Sie eine Tischplatte fest mit dem Untergestell verschrauben, kann es passieren, dass sie reißt, wenn das Holz aufgrund veränderter Feuchtigkeitsverhältnisse schwindet oder sich ausdehnt. Daher wird bei manchen Tischen die Platte nur durch Klemmklötze am Untergestell festgeklemmt.

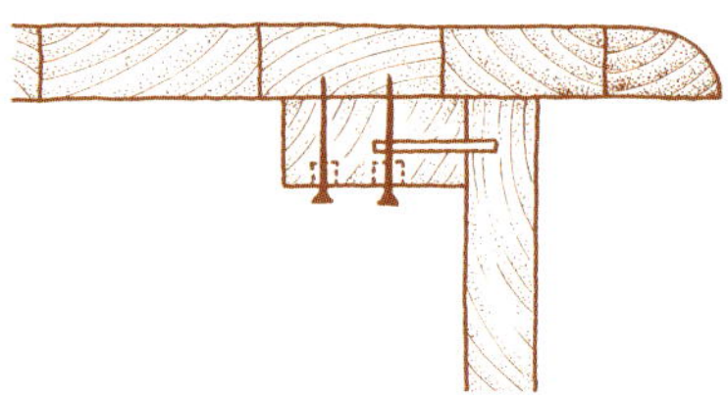

Klemmklötze sägen Sie aus etwa 6 cm breiten und 3 cm dicken Restleisten, möglichst aus Hartholz. Das Holz muss astfrei sein und darf keine Risse aufweisen. Längen Sie das Material auf eine Arbeitslänge von mindestens 40 cm ab, sodass sie es gefahrlos mit der Säge bearbeiten können.
Zum Einnuten wird der Parallelanschlag der Kreissäge auf die halbe Dicke der Klemmklötze eingestellt. Die Leisten werden hochkant eingenutet. Um die Leisten durch die Säge zu schieben, verwenden Sie ein Schiebeholz. Mit der gleichen Einstellung des Parallelanschlags

In die Klemmklötze wird eine Sperrholzfeder eingeleimt, die die Platte beweglich mit dem Untergestell verbindet.

schneiden Sie später in die Zargen des Untergestells die Nuten, in die die Klemmklötze eingreifen.
In die Nut wird eine 3 mm dicke Sperrholzfeder eingeleimt, die etwa 10 mm aus dem Hartholz herausragt. Dann sägen Sie die Klemmklötze zu und bohren die Löcher für Schrauben vor. Bei der Montage dürfen die Klemmklötze nicht fest an die Zarge anstoßen. Lassen Sie etwa 2 mm Luft zur Zarge, damit das Holz der Tischplatte arbeiten kann.

Flexibel Anschrauben

Eine andere Möglichkeit, eine Tischplatte materialgerecht anzubringen, bieten Schrauben, für die von oben und unten mit einem größeren Bohrer vorgebohrt wurde. So können die Schrauben etwas kippen, wenn die Platte sich verzieht, ohne dass sich die Verbindung löst. Diese Methode sollte nur gewählt werden, wenn das Material zimmertrocken ist (siehe Zeichnung).

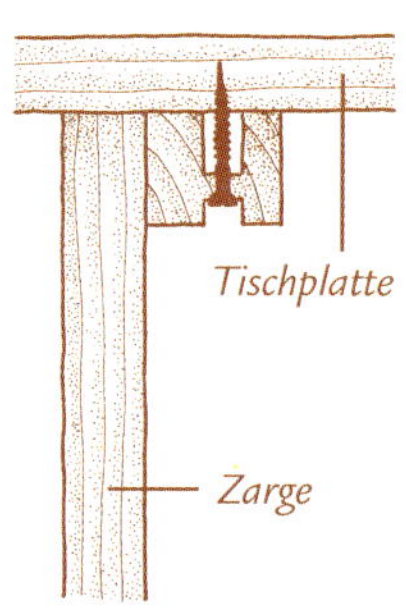

Esstisch

Geheimnis der griechischen Harmonie

Sie können das Erscheinungsbild des Tisches durch einen kleinen Trick entscheidend verbessern, ohne dass es dem Betrachter gleich bewusst wird. Wenn Sie die Zargen für das Untergestell ablängen, verstellen Sie den 90-Grad-Anschlag um zwei Grad, sodass die montierten Tischbeine leicht nach außen zeigen. So wirkt der Tisch prächtiger, und das ist bei einem so zentralen Möbel durchaus angebracht. Als Vorbild dienen die Baumeister der klassischen griechischen Tempel, die bestimmte Linien ihrer Bauwerke nicht abstrakt geometrisch, sondern leicht geschwungen oder schwach winkelverzerrt gestaltet haben, um die perspektivische Subjektivität des Auges auszugleichen; so erscheinen die Linien dieser Gebäude als Inbegriff der Ausgewogenheit und Ebenmäßigkeit.

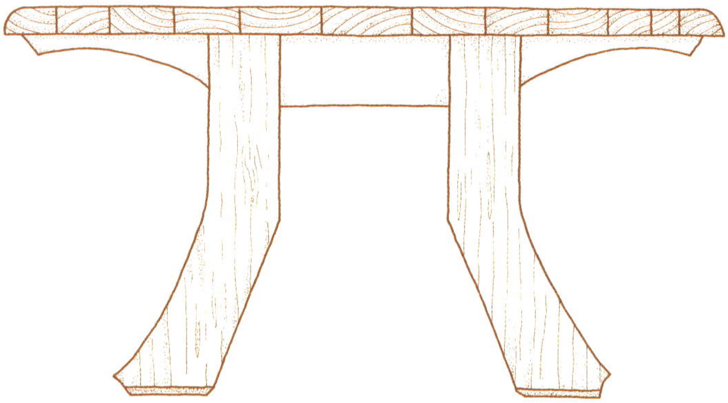

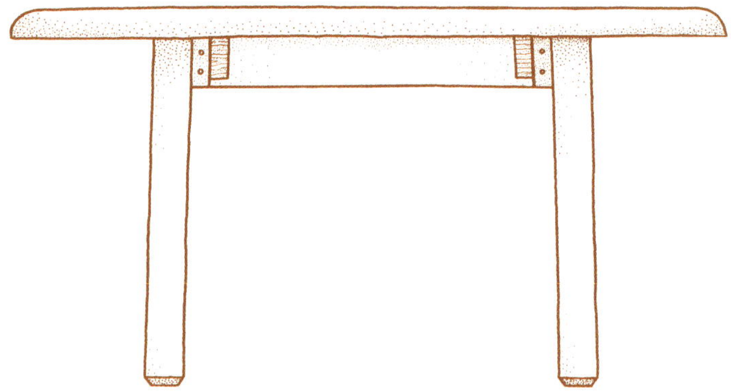

Schnittliste

Holzdicke 50 mm
4 Beine, Zuschnitt aus Brettern 74 x 24 cm (siehe Zeichnung)
2 Querzargen, 13 x 51 cm
2 Stützleisten, Zuschnitt aus Leisten 9 x 96 cm (siehe Zeichnung)

Holzdicke 30 mm
2 Längszargen, 13 x 116 cm
Tischplatte, etwa 11–15 mm dick, Zuschnitt aus 100 x 190 cm

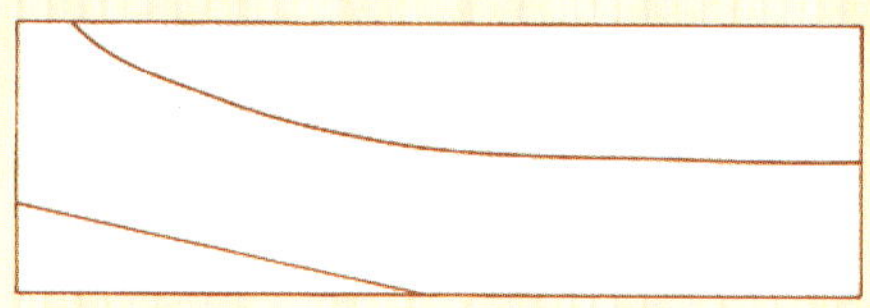

Weiteres Material
Schrauben, 3,5 x 50 mm; 4,5 x 70 mm

Bauanleitung

- Stellen Sie die Tischplatte her (Beschreibung siehe Seite 39ff.). Die Platte erhält ihre endgültige Form nach der Montage auf dem Untergestell.
- Schneiden Sie die Beine zu.
- Um die Beine an den Querzargen anzubringen, verwenden Sie mindestens 6 cm breite Hilfsleisten, die Sie hochkant auf den Arbeitstisch legen. Auf der oberen Hilfsleiste zeichnen Sie den Abstand der oberen Außenkanten der Beine an. Er beträgt 58 cm (= Länge der Querzarge plus zweimal Dicke der Längszarge plus zweimal 5 mm Überstand links und rechts).
- Legen Sie ein Beinpaar passgenau dagegen, eine weitere Hilfsleiste wird mit Schraubzwingen von unten gegen die Standfläche der Beine gespannt. Prüfen Sie, ob die Stirnseiten der Beine rechtwinklig gegen die Hilfsleisten stoßen. Legen Sie die Querzarge darauf, richten Sie sie mittig aus und schrauben Sie sie fest. Ihre Position wird ebenfalls auf der oberen Hilfsleiste markiert. An den Markierungen orientieren Sie sich bei der Montage des zweiten Beinpaars.

Um die Querzarge zu montieren, wird ein Beinpaar zwischen Hilfsleisten eingespannt. Die Position der Beine und der Zarge wird auf der Hilfsleiste markiert, sodass das zweite Beinpaar genauso montiert werden kann.

- Die Aussparungen für die Stützleisten in beiden Längszargen sägen Sie mit der Kreissäge. Stellen Sie die Schnitthöhe des Sägeblatts auf 50 mm ein und entfernen Sie Spaltkeil und Splitterschutz. Markieren Sie auf den Zargen die Position der Aussparungen: jeweils 50 mm breit, der Abstand der äußeren Begrenzung zur äußeren Kante der Zarge beträgt 50 mm (= Dicke der Querzarge). Die Längszargen werden quer über das Sägeblatt geschoben, um zunächst den rechten und linken Rand der Aussparung zu sägen. Dazwischen wird das Holz kammartig zwei- bis dreimal eingesägt und vorsichtig mit dem Stechbeitel weggestochen.

- Stellen Sie die zwei Beinpaare umgekehrt auf die Arbeitsplatte, setzen Sie die Längszargen von außen dagegen und spannen Sie das Ganze mit Schraubzwingen zusammen. Prüfen Sie die Innenwinkel der Konstruktion auf Rechtwinkligkeit. Schrauben Sie die Längszargen mit jeweils drei Schrauben an den Querzargen fest. Damit das Holz nicht reißt, müssen Sie an diesen Stellen vorbohren.
- Bevor Sie die Stützleisten, die unter die Tischplatte geschraubt werden, in ihre endgültige Form bringen, sägen Sie die Aussparungen, mit denen die Leisten in die Zargen eingesetzt werden. Zum Markieren der Aussparungen legen Sie die Stützleisten parallel zu den Querzargen über das Untergestell des Tisches und richten sie mittig aus. Markieren Sie die Position der Längszargen, wobei Sie wegen der leichten Schrägstellung der Zargen nach außen 2 mm zugeben. Zwei weitere Ausschnitte in der Stützleiste liegen innerhalb des Zargenrahmens und geben die Position der Schraubpunkte an. Beim Aussägen gehen Sie genauso vor wie bei den Aussparungen in den Zargen. Die schmal zulaufenden Enden der Stützleisten sägen Sie mit der Stichsäge. Ob Sie die Enden bogenförmig gestalten wie im gezeigten Beispiel oder eine andere Form wählen, bleibt Ihnen überlassen. Damit alle Leisten die gleiche Form bekommen, sägen Sie ein Ende zu und verwenden es als Schablone für die anderen.

Die beiden Längszargen werden zwischen die beiden Beinpaare geschraubt; vorher prüfen Sie, ob die Zargen im rechten Winkel zueinander stehen.

- Legen Sie die Tischplatte mit der Oberseite nach unten auf zwei Unterlegleisten. Richten Sie das fertig geschliffene Untergestell darauf aus und markieren Sie die Lage der Zargen mit Bleistift.
- Setzen Sie die Stützleisten ein. Sie dürfen nicht mit der Tischplatte verleimt werden, sondern werden nur mit Schrauben an den Enden und in den inneren Aussparungen befestigt. An den Querzargen werden sie ebenfalls mit Schrauben fixiert. Damit die Tischplatte Spielraum hat, wenn das Holz schwindet oder sich ausdehnt, erweitern Sie die Bohrungen für die Schrauben auf der Oberseite der Stützleiste mit einem 8-mm-Bohrer.

Das Untergestell und die Stützleisten werden auf der Tischplatte ausgerichtet und markiert.

- Stellen Sie den Tisch auf den Boden, um mit der Stichsäge die Platte an den Stirnholzseiten in endgültige Form zu bringen. Stellen Sie sich für eine Hälfte des Bogens eine Pappschablone her, die Sie einmal von links und einmal von rechts auf die Platte übertragen. Achten Sie darauf, dass in der Mitte keine Spitze entsteht und die beiden Hälften organisch ineinander übergehen. Wenn Sie mit der Form zufrieden sind, sägen Sie den Bogen ab und legen ihn als Schablone auf das andere Ende der Platte.
- Schleifen Sie die Tischplatte mit dem Bandschleifer, erst mit 80er-, dann mit 100er-Körnung, selbstverständlich immer in Faserrichtung. Zum Schluss schleifen Sie die Platte von Hand mit 180er-Papier. Die Kanten bringen Sie mit dem Bandschleifer in die gewünschte Form (Körnung 60, 80 und 100). Unregelmäßigkeiten gleichen Sie mit dem Schwingschleifer aus. Schließlich geben Sie mit 180er-Papier den Kanten den letzten Schliff.

Schreibtisch mit großer Schublade

Das Besondere an diesem solide wirkenden Schreibtisch sind die Beine, im gezeigten Beispiel mit dreieckigem Querschnitt. Da die Beine innen hohl sind, können sie als Kabelführung für PC, Lampe, Telefon oder andere Geräte dienen.

Statt der hohlen Beine können Sie auch massive Beine anbringen. Damit sie zu den Abmessungen der Schreibtischplatte passen, sollten sie dann aber mindestens 12 cm breit und 5 cm dick sein.

Schnittliste

Die angegebenen Maße gelten für ein Untergestell mit dreieckigen Beinen; falls Sie die Beine anders gestalten (z. B. als Winkel oder wie beim Bett als Stollen), müssen die Maße für die Längs- und Querzargen entsprechend verändert werden.

Holzdicke 50 mm
4 Stützleisten, 4 x 47 cm

Holzdicke 30 mm
für die Beine:
8 Bretter, 12 cm breit
4 Bretter, 21 cm breit
(die Länge richtet sich nach der gewünschten Tischhöhe abzüglich der Dicke der Tischplatte)
2 Querzargen, 13 x 76 cm
2 Längszargen, 13 x 148 cm
2 Auflagen für die Laufleisten der Schublade, 2 x 115 cm
Tischplatte, 100 x 200 cm
je 1 Schubladenvorder- und -hinterstück, 9 x 35 cm

Holzdicke 20 mm
für die Laufleisten:
4 Leisten, 9 x 78 cm (Arbeitslänge)

Holzdicke 12 mm
2 Schubladenseiten, 9 x 53 cm

Sperrholz, 3 mm
1 Schubladenboden, 52,5 x 33,5 cm
4 Streifen als Auflage für die Zargen, 3 x 21 cm
2 Streifen als Federn für die Stützleisten, 5 x 9 cm

Weiteres Material
Schrauben, 3,5 x 50 mm; 4,5 x 70 mm
14 Klemmklötze

Bauanleitung

- Stellen Sie die Tischplatte her (Beschreibung siehe Seite 39ff.). Die Kanten runden Sie nach der Montage auf dem Untergestell ab.
- Für die Beine verleimen Sie zunächst jeweils zwei 12 cm breite Bretter im rechten Winkel zueinander. Sie erhalten Winkel, die im Querschnitt einen 12 cm breiten und einen 15 cm breiten Schenkel haben.

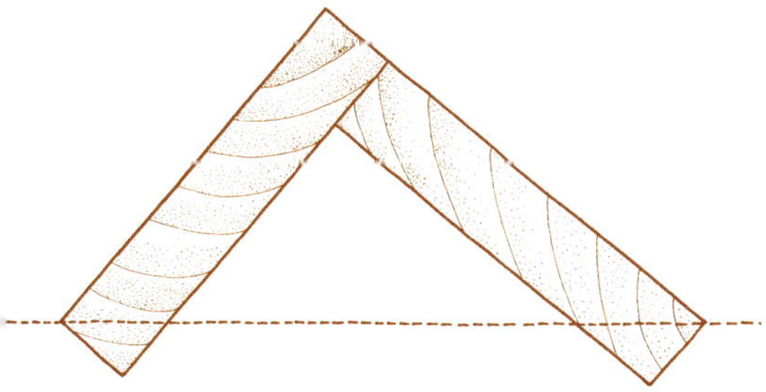

Die Beine des Schreibtischs werden aus drei Leisten zusammengeleimt. Den Querschnitt können Sie nach Belieben gestalten: symmetrisch als gleichschenkliges Dreieck oder unsymmetrisch, mit scharfen oder mit abgerundeten Kanten.

- Mit einem Lineal oder einer geraden Leiste zeichnen Sie an, bis zu welchem Niveau die Längskanten der Bretter abgehobelt werden sollen. Schieben Sie die Winkel so oft über die Abrichte, bis die Längskanten in einer Ebene liegen.
- Streichen Sie die Längskanten mit Leim ein und schrauben Sie den Winkel auf das breite Brett auf (Zeichnung unten). Zum Anhalten legen Sie die Konstruktion gegen eine Hilfsleiste. Die Leimfuge muss gut schließen; durch den Druck der Schrauben muss am Rand Leim austreten.

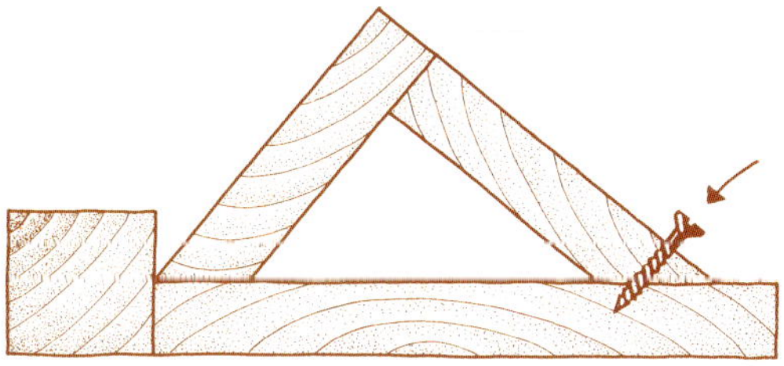

- Sägen Sie die Beine auf die benötigte Länge. Für die Fertigstellung legen Sie fest, welche Beine nach links und welche nach rechts kommen: Die schmale Seite zeigt jeweils nach vorn oder hinten, die schräge jeweils zur Tischmitte (siehe Zeichnung).

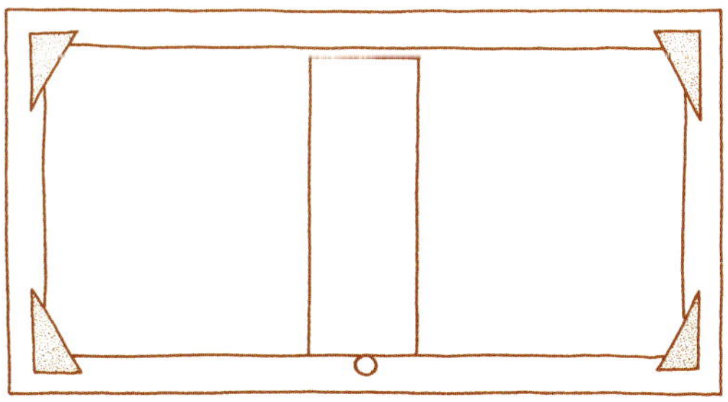

● Markieren Sie die Ausschnitte für die Zargen. Die Zargenaufnahme wird aus dem breiten Innenbrett herausgesägt. Messen Sie 13,3 cm von oben ab. Hier liegt die Unterkante des Ausschnitts, auf die später ein schmaler Sperrholzstreifen geleimt wird. Diesen Schnitt führen Sie mit der Kreissäge aus (Zeichnung unten). Zum Sägen entfernen Sie Spaltkeil und Splitterschutz. Stellen Sie das Sägeblatt so ein, dass die Schnitttiefe der Dicke des Bretts entspricht.

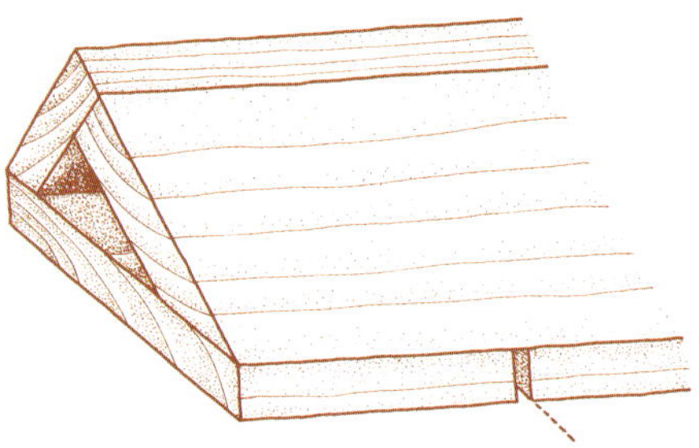

● Für die seitlichen Sägeschnitte, die in Verlängerung der Innenseiten des rechten Winkels verlaufen (Zeichnung), verwenden Sie eine elektrische Stichsäge. Um dem Schnitt die richtige Richtung zu geben, sägen Sie zunächst so weit es geht mit der Feinsäge der Sägemarkierung folgend ein.

● In den quer verlaufenden Sägeschnitt leimen Sie einen Sperrholzstreifen. Das Sperrholz verschließt den Sägeschnitt an den Seiten und dient als Auflage für die Zargen. Ein nettes optisches Detail ergäbe hier ein Streifen aus andersfarbigem Holz. Nachdem der Leim trocken ist, werden überstehende Teile des Sperrholzstreifens bündig geschliffen.

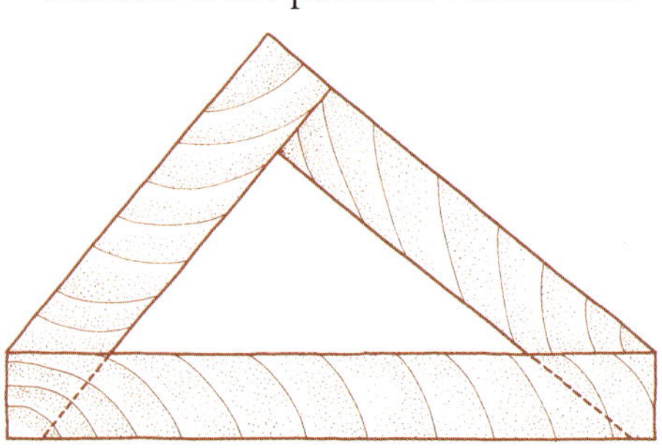

● Bearbeiten Sie die weiteren Teile des Untergestells. In die Längszargen sägen Sie 5 cm breite und 4 cm tiefe Ausschnitte für die Stützleisten: Stellen Sie das Sägeblatt der Kreissäge auf 4 cm Schnitthöhe, sägen Sie die Zargen im Bereich der Aussparung mehrmals kammartig ein und stechen Sie das Abfallholz mit dem Beitel weg.

● Zeichnen Sie den Ausschnitt für die Schublade auf der vorderen Längszarge an. Zum Einsetzen der Stichsäge bohren Sie mit einem 8-mm-Bohrer in den Ecken vor. Versetzen Sie die Bohrungen jeweils ein wenig von der Schnittlinie weg nach innen, damit Sie exakte Ecken sägen können. Die Position des Ausschnitts wird auf die hintere Längszarge übertragen. So können später die Laufleisten in der richtigen Position angebracht werden.

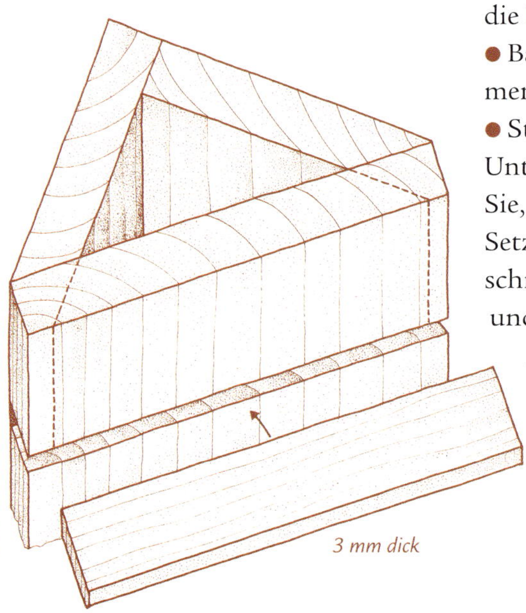

● Stellen Sie die Klemmklötze her (siehe Seite 42). Mit der gleichen Einstellung des Parallelanschlags nuten Sie die Zargen.

● Befestigen Sie die Zargen an den Beinen. Sie werden von innen in die Ecken gesetzt und festgeschraubt. Damit das Holz an den Enden der Zargen nicht reißt, müssen Sie vorbohren. Für die Schraubenköpfe schaffen Sie mit dem Ausreiber eine Vertiefung, damit sie bündig mit der Fläche eingedreht werden können.

● Die Auflagen für die Laufleisten der Schubladen werden von innen bündig mit der unteren Kante der Längszargen aufgeschraubt und verleimt. So werden gleichzeitig die Längszargen verstärkt.

● Für die Laufleisten der Schublade verleimen Sie jeweils zwei Leisten im L-Profil (Zeichnung siehe Seite 50 rechts), dann werden die Leisten auf Länge geschnitten.

● Bauen Sie die Schublade zusammen (siehe unten).

● Stellen Sie das fertig geschliffene Untergestell auf den Boden. Prüfen Sie, ob es tatsächlich eben dasteht. Setzen Sie die Schublade ein und schrauben Sie die Laufleisten links und rechts von unten durch die Auflageleisten und mit versenkten Schrauben von vorn durch die Zarge fest. Die Seitenführung der Laufleiste dient zusätzlich als Stütze der Tischplatte.

- Legen Sie die Tischplatte mit der Oberseite nach unten, durch Unterlegleisten geschützt, auf den Arbeitstisch. Setzen Sie das Untergestell darauf und markieren Sie die Position mit Bleistift. Die Klemmklötze werden nur angeschraubt, nicht verleimt. Für die Längszargen benötigen Sie jeweils vier, für die Querzargen jeweils drei Klemmklötze, die Sie auf die Länge gleichmäßig verteilen.
- Sägen Sie die Stützleisten an jeweils einem Ende für die Sperrholzfedern etwa 4 cm ein. Schieben Sie die Stützleisten durch die Ausschnitte in den Zargen. Die Leisten werden nur außen am Tischrand mit zwei Schrauben von unten an der Tischplatte befestigt. Sie enden jeweils etwa 2 cm vor den Außenkanten. Die genuteten Enden der Stützleisten müssen in der Mitte unter der Platte einen Abstand von etwa 2 cm haben und werden hier durch eine trocken eingesetzte Sperrholzfeder verbunden (Zeichnung). Mit Hilfe solcher Stützleisten können Sie generell relativ dünne Tischplatten trotz Überstand stabilisieren.
- Mit der Handkreissäge oder Stichsäge schneiden Sie die Stirnholzseiten der Tischplatte gerade, dann schleifen Sie Fläche und Kanten.

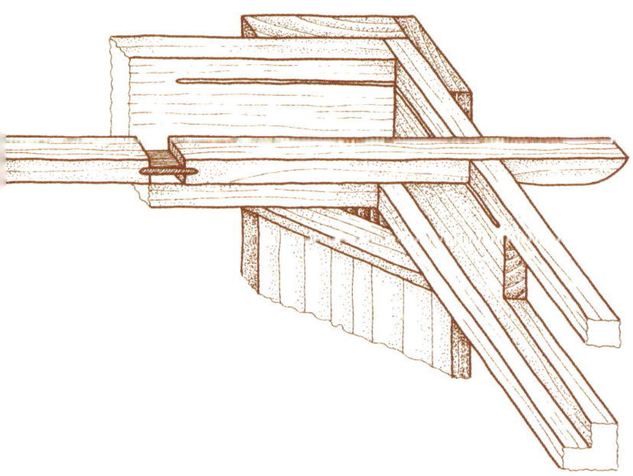

Zwei große Astlöcher in der Ecke der Schreibtischplatte wurden mit etwa 5 mm dicken ovalen Scheiben aus Eibenholz geflickt: Scheibenränder leicht konisch schleifen, auf Tischplatte übertragen, mit der Oberfräse freihändig etwa 4 mm tief ausfräsen, mit Leim einstreichen, Scheiben mit dem Hammer einklopfen und mit dem Bandschleifer bündig schleifen.

Schublade

Die Schublade besteht aus Vorderstück, Hinterstück, Seitenteilen und Boden. Bei dieser Konstruktion sind Vorder- und Hinterstück jeweils 30 mm dick und haben identische Form. Die Seitenteile bestehen aus 12 mm dicken Leisten. Je dicker Vorder- und Hinterstück sind, desto stabiler und verwindungssteifer ist die Schublade. Wichtig ist das bei größeren, flachen Formaten, etwa bei Schreibtischschubladen, in die auch DIN-A3-Formate passen sollen.

Gibt es mehrere benachbarte Schubladen, sollten die Vorderstücke, um ein harmonisches Gesamtbild zu haben, aus einem Brett geschnitten werden.

Nach dem hier beschriebenen Konstruktionsprinzip lassen sich alle möglichen anderen Kästen herstellen, z. B. kleine Wandschränkchen, Truhen, Spiegelrahmen.

Beim Bau gehen Sie folgendermaßen vor:

- Vorder- und Hinterstück werden 10 mm tief, die Seitenteile 6 mm tief genutet. Die Nuten verlaufen etwa 10 mm von der Unterkante und nehmen später den Schubladenboden auf. Stellen Sie den Parallelanschlag der Kreissäge entsprechend ein. Lassen Sie die Teile zunächst noch in Arbeitslängen.
- Längen Sie Vorder- und Hinterstück ab. Um den Falz für die Aufnahme der Seitenteile in zwei Sägeschnitten herauszusägen, stellen Sie den Parallelanschlag so ein, dass die Teile außen 5 mm dick bleiben und seitlich 1 mm überstehen (siehe Zeichnung). So lässt sich die Außenkante später sauber schleifen.

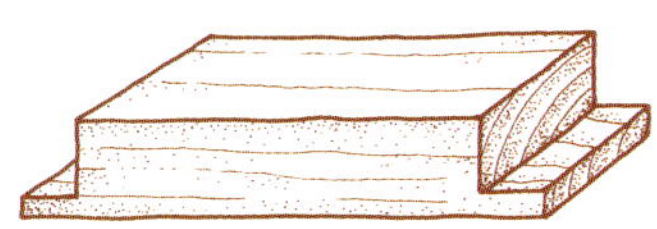

- Prüfen Sie, ob die Ecken sauber ausgesägt sind, dann längen Sie die Seitenteile ab und setzen den Rahmen auf dem Arbeitstisch lose zusammen.
- Die Größe des Schubladenbodens können Sie berechnen, indem Sie die Innenmaße des Rahmens messen und die Tiefe der Nut hinzuaddieren. Ich finde es allerdings einfacher, die Sperrholzplatte aufzulegen und die Größe anzureißen. Berücksichtigen Sie beim Zuschnitt, dass der Schubladenboden ringsherum ein wenig Spiel haben muss. Bei Sperrholz genügen 2 mm.
- Bevor Sie die Schublade zusammenbauen, schrauben Sie auf Ihren Arbeitstisch einen Leistenwinkel von 90 Grad auf. Die Schenkel des Winkels sollten sich in der Ecke nicht berühren. In diesem Leistenwinkel montieren Sie die Schubladenteile (Zeichnung). Der Schubladenboden wird nicht eingeleimt, sondern nur in die Nut eingeschoben.

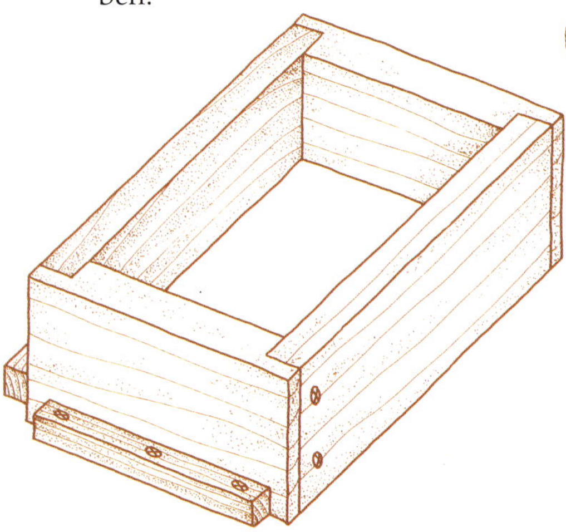

- Prüfen Sie die Konstruktion auf Rechtwinkligkeit. Bevor der Leim trocken ist, können Sie die Schublade noch durch leichtes Drücken mit der Hand in Diagonalrichtung korrigieren.
- Zum Schleifen der Schublade mit dem Bandschleifer schrauben Sie eine kleine Leiste als Anschlag auf den Arbeitstisch.
- Bauen Sie die Laufleisten zusammen in Form eines L oder, wenn mehrere Schubladen nebeneinander eingebaut werden, in Form eines umgekehrten T. Die Laufleisten ruhen vorn und hinten auf Querleisten und werden an diesen von unten her angeschraubt, sodass sie nötigenfalls später einmal korrigiert werden können (Zeichnung).

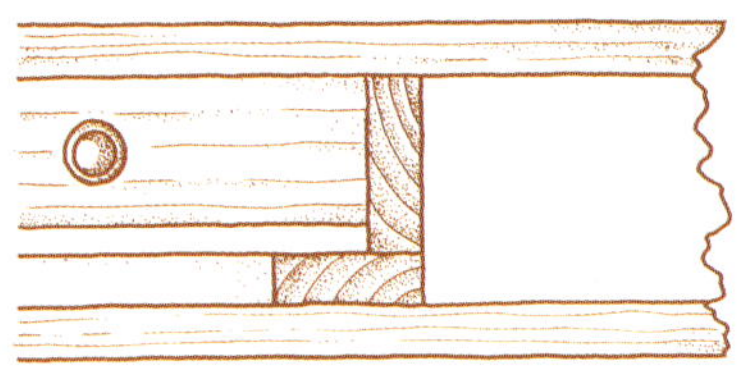

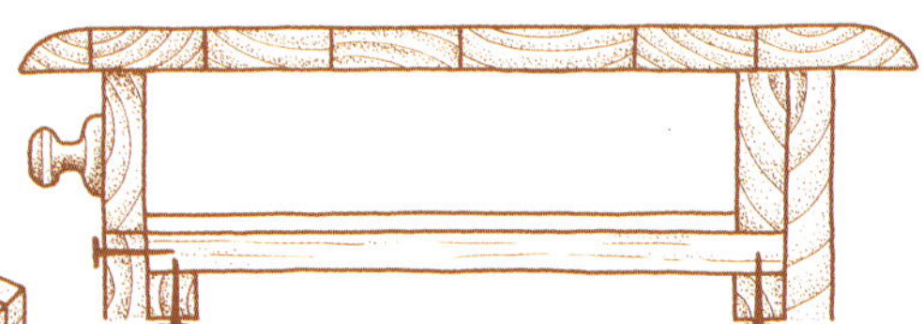

- Wird eine Laufleiste an der Seitenwand eines Möbels, also senkrecht zum Faserverlauf des Holzes, angebracht, darf sie nur vorn starr befestigt werden. Hinten muss sie etwa 1 cm Spiel behalten, damit sie bei Schwund der Seitenwand »wandern« kann. Dazu wird eine Schraube durch einen Schlitz am Ende der Laufleiste geschraubt (Zeichnung rechts).

Auch die Schublade muss, um möglichen Schwund des Holzes auszugleichen, etwa 1 cm kürzer bemessen sein. Das wird durch ein von hinten gegen das Hinterstück gesetztes Leistchen ausgeglichen, das bei Bedarf auch wieder entfernt werden kann (Zeichnung).

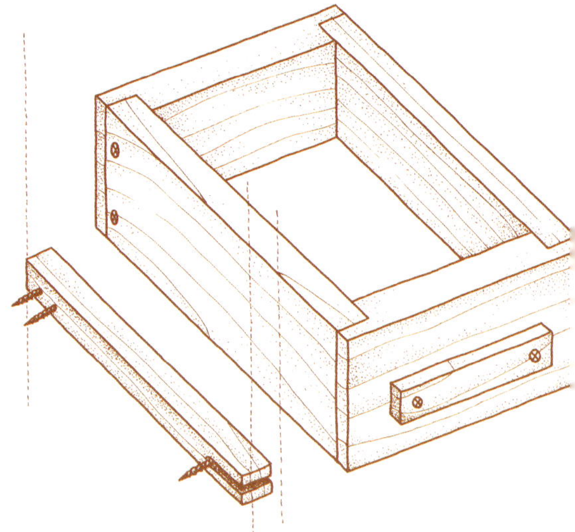

TIPP

Schreiner setzten früher Laufleisten aus Pflaumenholz ein. Sie wurden im Laufe der Zeit immer härter und glatter und nutzten sich kaum ab. Ich greife zu Seife (Kernseife), damit die Schublade leicht läuft. Die Seife wird in Wasser etwas angelöst, dann werden die Unterkanten damit eingerieben. Das hilft besonders in den Fällen, wo eine Schublade zwischen durchgehende Fachböden geschoben wird.

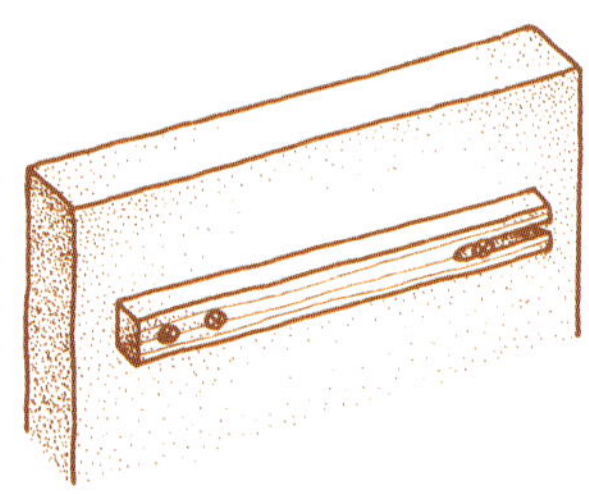

Computerschreibtisch

Computerarbeitsplätze sollten so eingerichtet sein, dass Stuhl, Bildschirm und Tastatur individuell auf den Benutzer abgestimmt werden können. Dies lässt sich mit dem hier vorgestellten Tisch verwirklichen, indem

- die Tischhöhe der Statur des Benutzers angepasst wird,
- die Tastatur in einer entsprechend groß konstruierten Schublade sitzt, die eingeschoben werden kann,
- ein verstellbarer oder dem Benutzer konstruktiv angepasster Schreibtischstuhl benutzt und
- die Verkabelung durch die hohlen Tischbeine geführt wird.

Abgesehen von gestalterischen Motiven folgt die Form der Tischplatte funktionalen Zwecken. Die geschwungene Front erleichtert den Zugriff auf die Fläche. Der sich verbreiternde Teil des Tisches ist gedacht als Arbeitsfläche, als Ablage oder für Besprechungen. Der PC soll auf der anderen Seite stehen, die Schublade für die Tastatur wird in zwei Laufleisten etwa in der Mitte unter die Platte gehängt.

Schnittliste
Holzdicke 30 mm
für die Beine:
8 Bretter, 12 cm breit
4 Bretter, 21 cm breit
(die Länge richtet sich nach der gewünschten Tischhöhe abzüglich der Dicke der Tischplatte und der Tragleiste)
2 Tragleisten, 15 x 90 cm
2 Führungsleisten für die Schublade, 5 x 60 cm
1 Tischplatte, Zuschnitt aus 100 x 220 cm
1 Vorderstück, 4 x 50 cm
1 Hinterstück, 9 x 50 cm

Holzdicke 20 mm
2 Schubladenseiten, 9 x 60 cm

Sperrholz, 3 mm
1 Schubladenboden, 48,5 x 59,5 cm

Weiteres Material
Schrauben, 3,5 x 50 mm; 4,5 x 70 mm

Bauanleitung

Schablone

● Der Tisch steht frei im Raum oder schließt mit der schmalen Stirnseite an eine Wand oder das Fensterbrett an. Die asymmetrisch geschwungene Form planen Sie nach eigenem Geschmack. Legen Sie fest, ob die breitere Seite nach rechts oder nach links zeigen soll. Die fertige Platte wird tiefer sein als 100 cm, wie in der Schnittliste für die verleimte Platte angegeben ist. Fertigen Sie zunächst eine Schablone in Originalgröße.

● Beschaffen Sie sich eine Hartfaserplatte (3 mm dick). Sägen Sie die gewünschte Form in groben Umrissen mit der Stichsäge aus, dann legen Sie die Schablone auf ein Tischchen oder zwei Böcke, um auszuprobieren, wo in Ihrem Arbeitszimmer der beste Platz für diesen Schreibtisch ist. Wenn der Tisch nicht frei im Raum steht, sondern mit der schmalen Stirnseite an die Wand anschließen soll, müssen Sie hier die Schablone genau zuschneiden.

Tischplatte

● Stellen Sie eine Platte her, die etwa 100 x 220 cm groß ist (siehe Seite 39ff.). Da die Platte sich bei dieser Konstruktion nur wenig verziehen darf, weil sie nicht von Zargen oder einer anderen Stützkonstruktion gehalten wird, lassen Sie die drei Plattenteile erst einmal rund zwei Wochen an einem geheizten Ort ruhen, am besten senkrecht aufgestellt, bevor Sie sie zur vollständigen Platte zusammenfügen. Wenn sich die Teile arg verziehen, müssen sie noch einmal neu verleimt werden.

● Mit einem einfachen Trick erreichen Sie, dass die Schreibtischplatte auf der einen Seite schmal, auf der anderen breiter ist und die Leimfugen keilförmig in einer Art Fischgrätmuster zusammenlaufen: Schneiden Sie die rechteckige Platte der Länge nach schräg auf, drehen Sie eine Hälfte herum und leimen Sie beide Teile wieder zusammen (siehe Zeichnung unten). Berücksichtigen Sie dies schon beim Zusammenleimen der Bretter zur Platte, damit nach dem Umdrehen des einen Teils wieder vorwiegend die Baumseiten nach oben zeigen. Vielleicht müssen Sie die Teile leicht gegeneinander verschieben, damit Ihre Schablone besser darauf passt.

● Ein besonderes Gestaltungsmittel ist eine farbig abgesetzte Leiste, die Sie in die Leimfuge setzen.

● Legen Sie die Schablone auf und deuten Sie die Umrisse mit einer gestrichelten Linie auf der Tischplatte an. Um den Schnittlinien eine harmonische Biegung zu geben, verwenden Sie zwei Nadelholzleisten (Querschnitt etwa 15 x 15 mm) als Kurvenlineale. Die Leisten müssen etwa 200 cm lang sein. Sie werden an einem Ende mit einer Schraube (dann müssen Sie vor-

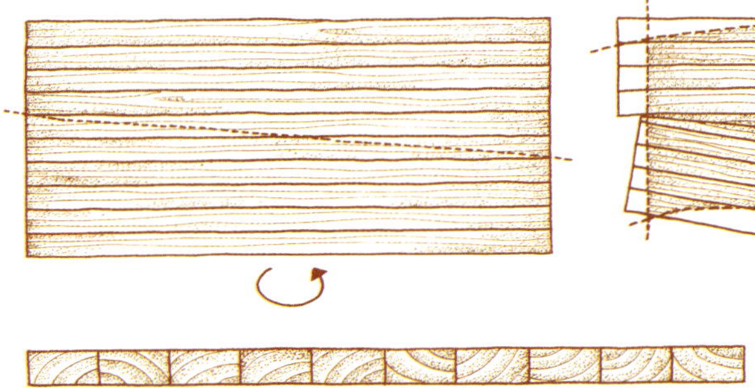

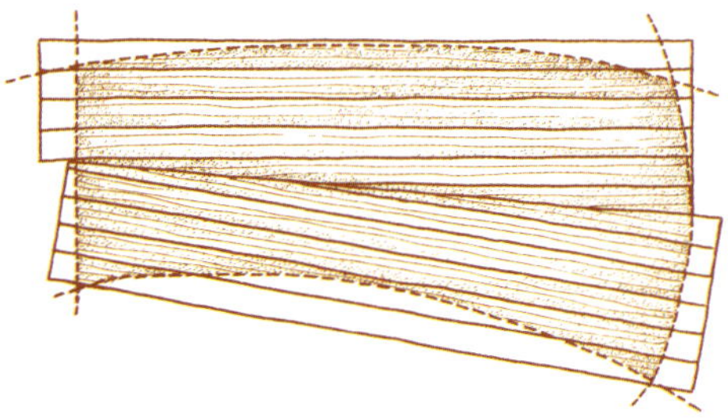

bohren) oder einer kleinen Schraubzwinge fixiert. Biegen Sie sie in die gewünschte Kurve und fixieren Sie das andere Ende. So erhalten Sie gleichmäßig geschwungene Linien. Wenn Sie die Leiste zu dem fixierten Ende hin drücken und in dieser Position durch einige Schrauben festhalten, können Sie die Kurve auch stauchen.

- Zeichnen Sie die Schnittlinien auf, entfernen Sie die Leisten und sägen Sie die Form mit der Stichsäge aus.
- Die Beine sind die gleichen wie bei dem zuvor beschriebenen Schreibtisch (siehe Seite 47 ff.).

Unterbau und Schublade

- Legen Sie die Tischplatte umgekehrt auf den Arbeitstisch und markieren Sie die Position der Beine (Zeichnung).

- Bestimmen Sie die Länge der Tragleisten. Da sie quer zum Faserverlauf der Tischplatte angebracht werden, müssen die Schraubenlöcher wieder von oben vorgebohrt werden. So haben die Schrauben Spiel, wenn das Holz der Platte arbeitet.
- Beine und Tragleisten werden geschliffen und zusammengebaut. Verwenden Sie lange Schrauben, die von oben durch die Tragleiste ins Stirnholz der Beine gedreht werden. Zum Versenken der Schraubenköpfe erweitern Sie die Bohrungen mit dem Ausreiber. Tragleisten und Beine werden gegen die Unterseite der Platte geschraubt.
- Stellen Sie den Tisch auf den Werkstattboden. Zeichnen Sie die Position der Schublade an.
- Die Seitenteile der Schublade werden für die Aufnahme der Laufleisten genutet. Die Nuten sind 10 mm tief und 15 mm breit. Entsprechend sägen Sie die Laufleisten zu. Die vorstehende Schiene ist 14 mm breit und 11 mm tief (siehe Zeichnung).

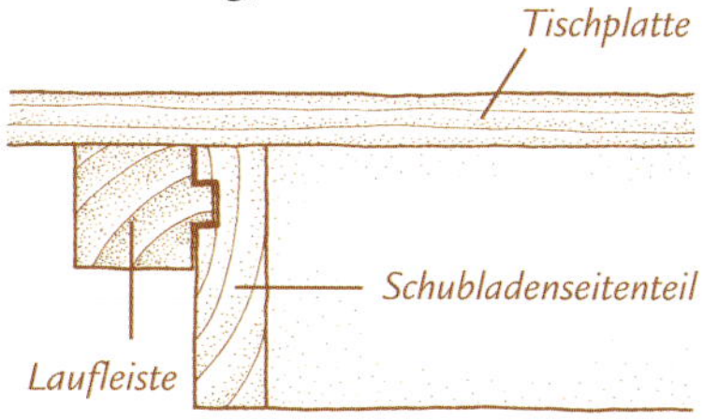

- Bauen Sie die Schublade zusammen (siehe Seite 49 f.). Zeichnen Sie mit Hilfe der fertigen Schublade die Position der Laufleisten an, die Sie flexibel unter die Platte schrauben (siehe Seite 42).
- Setzen Sie die Tastatur ein und sichern Sie sie mit einer Querleiste oder mit kleinen Holzkeilen. Schieben Sie die Schublade in die Laufleisten.
- Als Arretierung sowohl in der Arbeitsposition als auch im eingeschobenen Zustand dient ein Holzstift, der von außen durch die Laufleiste in ein Seitenteil der Schublade eingreift und durch eine elastische Leiste, z. B. aus Eschenholz, in dieser Position gehalten wird (siehe Zeichnung unten).
- Mit einer Lochsäge oder mit Bohrer und Stichsäge schaffen Sie die Öffnung für die Kabelführung über den Beinen in der Tischplatte. In das betreffende Tischbein sägen Sie unten eine Lücke zum Einführen der Kabel.
- Zum Schluss werden Beine und Tischplatte geschliffen und geölt.

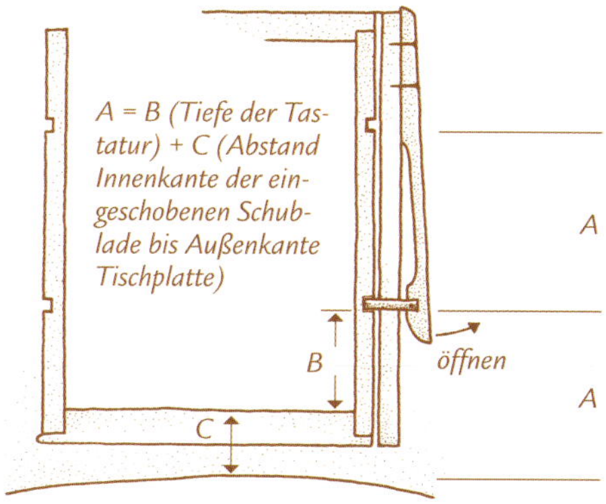

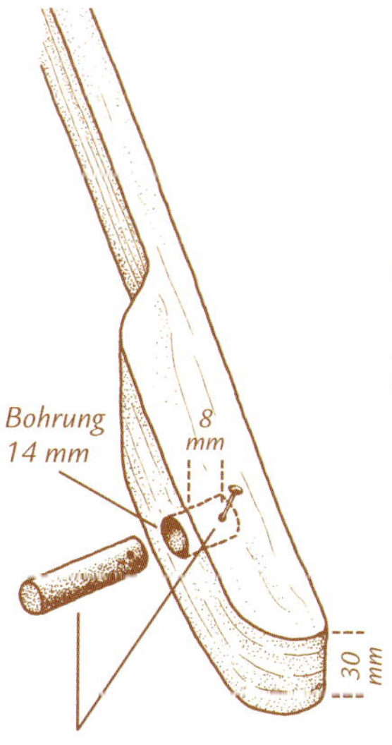

Stift (Länge 40 mm, Ø 10 mm) wird nicht eingeleimt, sondern mit einem Nägelchen quer zur Bohrung fixiert, sodass er etwas Spiel hat.

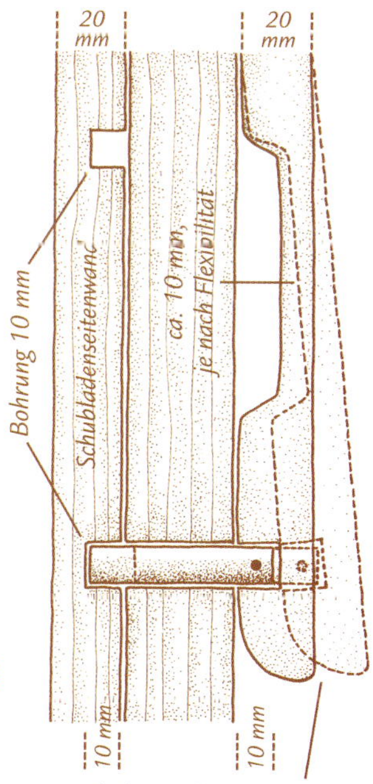

Durch das Aufbiegen nach außen wird der Stift aus dem Loch in der Schubladenwand gezogen.

Runder Tisch

Runde Tische sind die schönsten, auch wenn nur wenig Platz vorhanden ist. Man hockt zusammen wie ums Feuer. Alle sind gleichberechtigt, beim Sprechen wie beim Zulangen aus den Schüsseln in der Mitte. Besonders effektvoll sind die Beleuchtungsmöglichkeiten: entweder starkes und abgeschirmtes Licht auf die Mitte oder abgemildertes auf die ganze Fläche. Das in den warmen Holztönen reflektierte Licht verschönt die Gesichter. Besonders ein großer Tisch darf nicht »gakelig« wirken, daher hat dieses Modell massive, leicht nach außen gerichtete Beine.

Bauanleitung

- Stellen Sie die Tischplatte her (siehe Seite 39ff.). Die fertige Platte hat einen Durchmesser von etwa 115 cm. Um den weit überstehenden Rand spannungsfrei zu halten, verwenden Sie nach außen zu schmalere Bretter.
- Zum Ablängen der oberen Zargen verstellen Sie den 90-Grad-Anschlag der Säge um zwei bis drei Grad. Achten Sie beim Ablängen darauf, dass auch der zweite Winkel in der richtigen Richtung läuft und die Zarge die Form eines Trapezes erhält.
- Die oberen Zargen werden zu einem Kreuz zusammengesetzt (siehe Zeichnung). Entfernen Sie Spaltkeil und Splitterschutz der Kreissäge und stellen Sie das Sägeblatt auf halbe Höhe der Zarge ein. Reißen Sie den Ausschnitt auf einer Zarge an und schieben Sie die Zarge hochkant über die Säge. Sägen Sie zunächst den rechten und den linken Rand des Ausschnitts, dann sägen Sie das Abfallstück mehrmals kammartig ein und schlagen es vorsichtig mit dem Hammer heraus. Reste werden mit dem Stechbeitel abgetragen. Verwenden Sie die fertige erste Zarge als Schablone für die zweite; achten Sie auf die richtige Lage des Ausschnitts. Die Zargen werden oben beidseitig für die Klemmklotze genutet. Verwenden Sie dabei die gleiche Einstel-

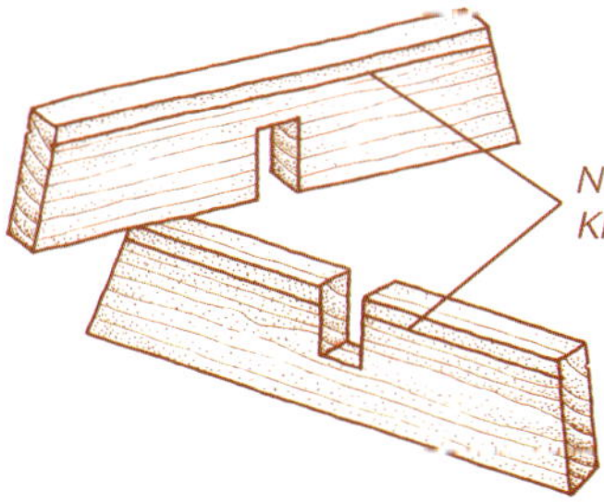

Schnittliste

Holzdicke 50 mm
4 Beine, 11 x 70 cm
2 obere Zargen, Zuschnitt aus Brettern 13 x 65 cm
2 untere Zargen, Zuschnitt aus Brettern 13 x 70 cm
2 Verstärkungsstücke aus Dreieckleisten, 5 x 13 cm
2 Verstärkungsstücke aus Dreieckleisten, 5 x 8 cm
2 Stützleisten, 5 x 48 cm

Holzdicke 30 mm
runde Tischplatte, Zuschnitt aus 130 x 130 cm

Weiteres Material

Schrauben, 3,5 x 50 mm; 4,5 x 70 mm
8 Klemmklötze

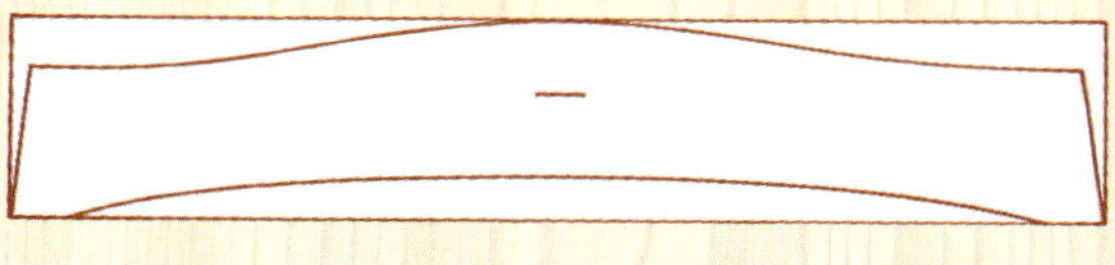

lung des Parallelanschlags wie bei der Herstellung der Klemmklötze (siehe Seite 42).

- Legen Sie das Zargenkreuz umgekehrt auf die Arbeitsplatte. Spannen Sie zwei gegenüberliegende Beine mit Schraubzwingen an einer Zarge fest. Mit einem großen Winkel prüfen Sie, ob die Beine senkrecht stehen. Schrauben Sie die Beine mit jeweils einer, nach dem Abnehmen der Schraubzwingen mit einer zweiten Schraube fest. Damit das Holz beim Eindrehen der Schrauben nicht reißt, sollten Sie vorbohren. Die Schrauben werden versenkt, die Schraublöcher verschließen Sie mit Holzstopfen. Mit dem zweiten Beinpaar verfahren Sie ebenso.
- Bevor die unteren Zargen, die eine geschwungene Form haben, zugeschnitten und zusammengesetzt werden, müssen Sie ihre endgültige Länge feststellen. Auf das obere Zargenkreuz, das mit den daran befestigten Beinen noch umgekehrt auf Ihrem Arbeitstisch liegt, stellen Sie einen Eimer oder einen anderen Gegenstand mit entsprechender Höhe. Richten Sie eines der Bretter, aus denen die unteren Zargen zugeschnitten werden, zwischen zwei gegenüberliegenden Tischbeinen aus und zeichnen Sie die Länge an (Zeichnung).

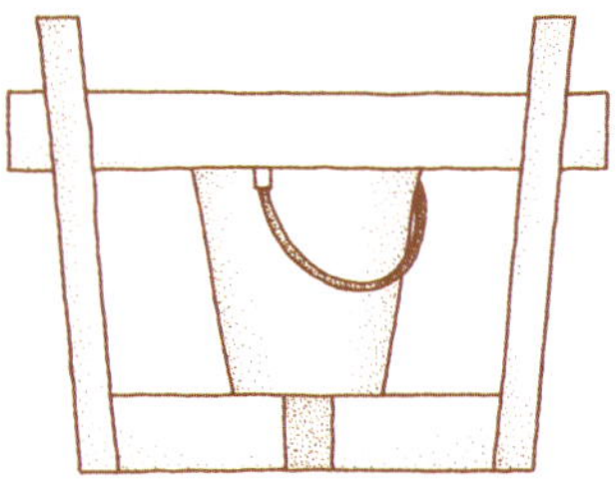

- In die exakt abgelängten unteren Zargen sägen Sie wie bei den oberen Ausschnitte, damit sie zum Kreuz zusammengesteckt werden können. Anders als bei den oberen Zargen müssen Sie jedoch die Säge für jede Zarge auf eine andere Höhe einstellen: Die Ausschnitte greifen bei der ersten Zarge 5 cm von oben, bei der zweiten 8 cm von unten ins Holz.
- Stecken Sie die Bretter probeweise zusammen, um zu prüfen, ob die Ausschnitte passen. Dann zeichnen Sie die Konturen der Zargen auf einer Hälfte an, sägen sie mit der Stichsäge aus und verwenden diese Hälfte als Schablone bei der Fertigstellung beider Zargen. Wenn Sie sich beim Aufzeichnen nicht sicher sind, ob Ihr Entwurf stimmt, fertigen Sie zunächst eine Pappschablone für die Form der Zargen an.
- Stecken Sie die unteren Zargen zum Kreuz zusammen und befestigen Sie das Zargenkreuz an den Tischbeinen. Auch hier werden die Schrauben versenkt und die Schraublöcher mit Holzstopfen verschlossen. Das Untergestell ist damit fertig.
- Zum Anzeichnen der Konturen der runden Tischplatte verwenden Sie eine etwa 65 cm lange Hilfsleiste, die als Zirkel dient und auf der Plattenunterseite im Mittelpunkt mit einer Schraube oder einem Nagel fixiert wird. Bohren Sie im Abstand von 57,5 cm ein Loch durch die Leiste, stecken Sie einen Bleistift hindurch und zeichnen Sie einen exakten Kreis (Zeichnung

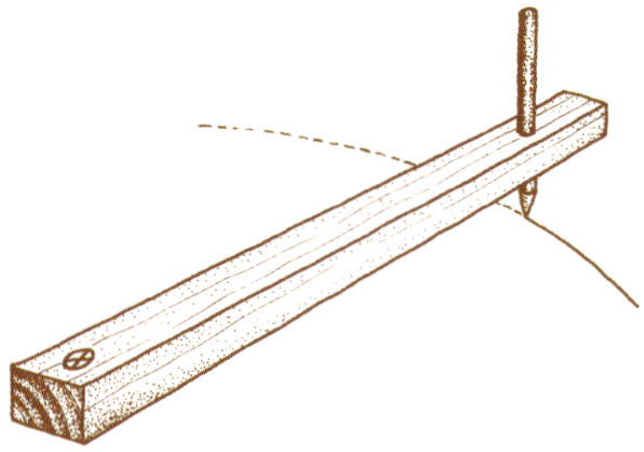

oben). Sägen Sie mit der Stichsäge die Tischplatte zu.
- Setzen Sie das Untergestell umgekehrt auf die Unterseite der Tischplatte und richten Sie es mittig aus. Wichtig ist, dass die Richtung der oberen Zargen im 45-Grad-Winkel zu den Leimfugen der Tischplatte verläuft. Zeichnen Sie die Lage des Zargenkreuzes auf der Tischplatte an.
- Schrauben Sie die Klemmklötze an, aber lassen Sie jeweils zwei bis drei Millimeter Luft zu den Zargen.
- Das obere Zargenkreuz wird an der Überblattung mit dreieckigen Verstärkungsstücken stabilisiert. Diese sägen Sie aus einer Quadratleiste mit einem Querschnitt von etwa 5 x 5 cm zu. Mit der Kreissäge schneiden Sie die Leiste zunächst in der Ebene der Diagonalen weit genug ein, dann trennen Sie die

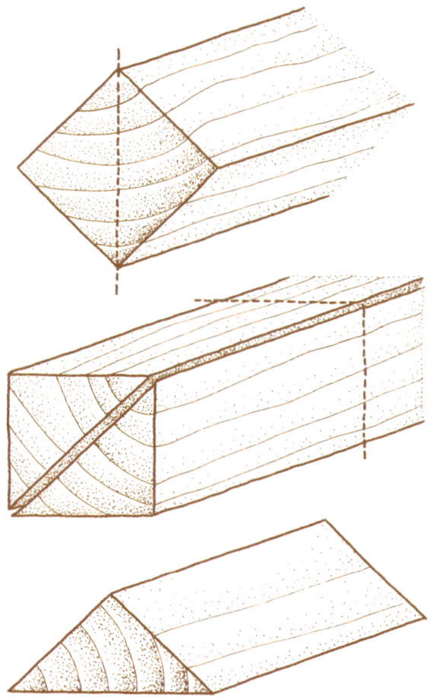

8 und 13 cm langen Verstärkungsstücke mit jeweils einem Sägeschnitt ab (siehe Zeichnung).

- Die beiden kürzeren Verstärkungsstücke werden so befestigt, dass zwischen ihnen und der Tischplatte die Enden der beiden Stützleisten klemmen. Die Stützleisten laufen im rechten Winkel zu den Leimfugen der Tischplatte. Sie werden bis auf einen Abstand von etwa 1 cm an das Kreuz herangeschoben und nur außen, nahe dem Rand der Tischplatte, mit zwei Schrauben fixiert. So kann die Tischplatte arbeiten. Entsprechend werden die Schraublöcher von oben mit einem 8-mm-Bohrer erweitert, sodass die Schrauben Spiel haben (siehe Seite 42 rechts unten).
- Zum Schluss schleifen Sie die Platte und formen den Plattenrand.

Das obere Zargenkreuz wird an der Überblattung mit Dreieckleisten stabilisiert.

Stehpult

Schon der Physiker und Philosoph Lichtenberg hatte den Verdacht, dass Steh-Gedanken eine andere Qualität haben als Sitz-Gedanken. Ob Sie nun Männchen malend telefonieren wollen oder am Laptop arbeiten, sich Rezepte notieren oder mal einen Brief mit der Hand schreiben: Gehen Sie in die Senkrechte, atmen Sie tief durch, lassen Sie Sauerstoff und Energien frei fließen, von der Schädeldecke bis zu den Zehenspitzen. Der vorgestellte Entwurf lässt sich vielfältig abwandeln und auf Ihre Bedürfnisse zuschneiden.

Bauanleitung

- Nach dem Zuschnitt der Teile werden alle Flächen und vorderen Kanten geschliffen.
- Legen Sie die Seitenteile mit den Außenseiten nach unten Rücken an Rücken auf den Arbeitstisch und zeichnen Sie die Unterkanten der Schreibplatte und des Fachbodens an.
- Der Fachboden wird bündig mit der Unterkante rechtwinklig an die Zarge geschraubt und verleimt. Die Schreibplatte bringen Sie im Abstand von etwa 10 cm darüber an. Alle Schrauben drehen Sie von hin-

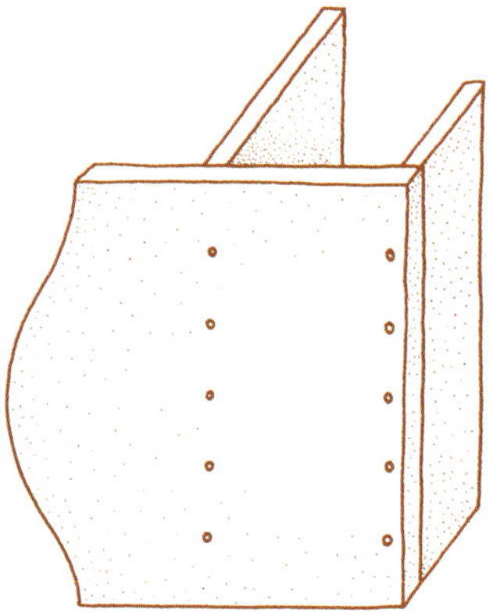

ten durch die Zarge ein (Zeichnung oben). Für den Fachboden, der an der Kante sitzt, müssen Sie vorbohren.

- Bestreichen Sie die Außenkanten mit Leim, dann setzen Sie dieses Bauteil zwischen die Seitenteile. Spannen Sie das Ganze vorsichtig mit Schraubzwingen zusammen. Die Position von Boden und Schreibplatte lässt sich jetzt noch leicht korrigieren. Dann werden die Teile von außen zusammengeschraubt. Für die Zage und die Platte benötigen Sie jeweils drei, für den Fachboden zwei Schrauben, die alle versenkt und mit Holzstopfen verschlossen werden.
- Das Pult wird an der Wand angedübelt. Die Befestigungsschrauben werden wie üblich versenkt angebracht, die Schraublöcher verschließen Sie mit einem lose eingepassten, aber nicht eingeleimten Holzstopfen.

Schnittliste

Holzdicke 20 mm

2 Seitenteile, Zuschnitt aus 33,5 x 33 cm (siehe Zeichnung rechts oben)

1 Zarge, Zuschnitt aus 23,5 x 55 cm (siehe Zeichnung rechts unten)

1 Schreibplatte, 35 x 55 cm

1 Fachboden, 18 x 55 cm

Weiteres Material

Schrauben, 3,5 x 50 mm

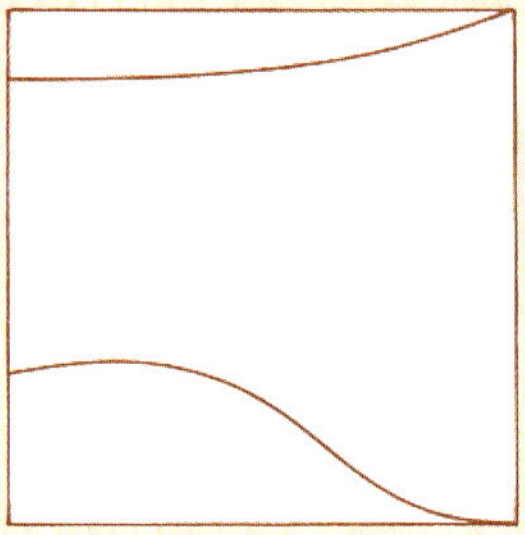

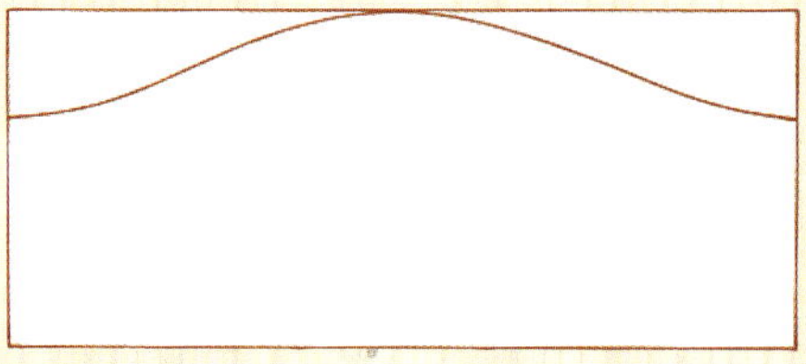

Schränke

Kompakter, umzugsfreundlicher Kleiderschrank

Dieser Kleiderschrank ist wie alle Möbel in diesem Buch nicht zerlegbar, denn die Möbel sollen auch nach mehreren Umzügen noch stabil sein. Wird für die Kleider mehr Platz gebraucht, lassen sich mehrere der verhältnismäßig schmalen Schränke beliebig kombinieren. Da der Schrank nicht groß ist, kann er ohne Probleme von zwei Personen transportiert werden. Er passt durch die Heckklappe der meisten Kleinwagen.

Schnittliste

Holzdicke 30 mm
2 hintere Zargen (oben und unten), 15 x 86 cm
1 unteres Frontbrett, 15 x 86 cm
2 Platten für Boden und Deckel, 49 x 86 cm
für die Türen:
2 Querleisten für die schmale Tür, 10 x 23 cm
2 Querleisten für die breite Tür, 10 x 39 cm
4 Längsleisten, 6 x 172 cm

Holzdicke 20 mm
2 Seitenwände, 52 x 190 cm

Holzdicke 12 mm
1 Türfüllung, 154 x 25 cm
1 Türfüllung, 154 x 41 cm

Sperrholz, 3 mm
1 Rückwand, 87,5 x 167 cm

für die Innenausstattung:
Leiste für die Kleiderstange, 86 cm lang, Querschnitt 3 x 4 cm, oder Fachböden, 20 mm dick, 45 x 86 cm
2 Halterungen für die Kleiderstange, Zuschnitt aus 20 mm dickem Abfallholz (siehe Zeichnung)

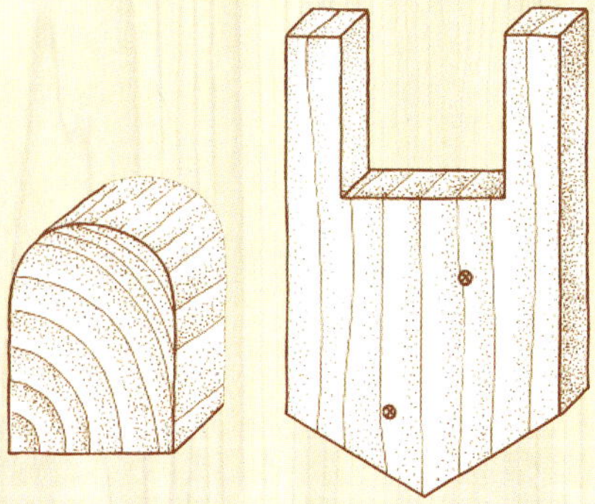

für jeden Fachboden 2 Auflageleisten, 45 cm lang, Querschnitt 2 x 2 cm

Weiteres Material

Schrauben, 4,5 x 70 mm; 4,5 x 100 mm
4 Zylinderbänder, 50 mm
2 Vorreiber

Bauanleitung

- Seitenwände und hintere Zargen erhalten Nuten für die Aufnahme der Rückwand. Die Seitenwände werden im Tauchschnitt genutet, um zu vermeiden, dass das Holz der Seitenwände dort, wo die Zargen angebracht werden, geschwächt wird und so beim Schrauben vielleicht splittert. Markieren Sie also auf der Innenseite der Seitenwand, wie weit die Nut gehen muss. Stellen Sie den Parallelanschlag auf 7 mm ein. Für den Tauchschnitt markieren Sie auf dem Parallelanschlag die Achse des Sägeblatts mit einem Bleistiftstrich, damit Sie sehen, wo die Säge am weitesten ins Holz schneidet. Bei einer Holzdicke von 20 mm sollte die Tiefe der Nut nicht mehr als 10 mm betragen, bei den Zargen, die durchgehend genutet werden, kann die Nut 40 mm tief sein.
- Mit gleicher Einstellung des Parallelanschlags sägen Sie von Restbrettern einige Hilfsleisten, die Sie beim Einschieben der Rückwand unterlegen.
- Die obere Zarge wird von hinten gegen die Deckelplatte geleimt und geschraubt. Bohren Sie die Schraubenlöcher vor und erweitern sie mit dem Ausreiber, damit die Schraubenköpfe bündig mit der Fläche eingedreht werden können.
- Auf die gleiche Weise wird auch die untere Zarge gegen die Bodenplatte montiert. Das Frontbrett befestigen Sie unter dem Boden. Diese Schrauben werden versenkt. Verschließen Sie die Bohrungen mit Holzstopfen.

● Legen Sie die Seitenwände Rücken an Rücken mit den Außenseiten nach unten auf den Arbeitstisch. Verwenden Sie Unterlegleisten und reißen Sie die Position des Bodens und des Deckels an.
● Setzen Sie den Schrank probeweise zusammen (Zeichnung unten). Dazu lehnen Sie die erste Seitenwand, auf der rückwärtigen Kante stehend, an die senkrechten Schenkel der Unterlegleisten an. In die Nut der Seitenwand schieben Sie die Rückwand. Wenn Sie einige der zu diesem Zweck zugeschnittenen Hilfsleisten unterlegen, erleichtern Sie sich diesen Vorgang. Prüfen Sie, ob die Ecken der Rückwand dort, wo die Tauchnut der Seitenwand ausläuft, noch ein wenig abgerundet werden müssen. Schieben Sie Boden und Deckel mit den genuteten Zargen über die Rückwand, dann setzen Sie die zweite Seitenwand dagegen. Der Schrank liegt nun in seiner endgültigen Gestalt auf dem Arbeitstisch.
● Prüfen Sie, ob alles zusammenpasst. Dann nehmen Sie das Ganze noch einmal auseinander, um die Teile endgültig mit Leim und Schrauben zusammenzubauen. Da alle Schrauben in Kantennähe sitzen, müssen Sie die Schraublöcher nach dem Bohren der Stopfenlöcher mit dem 2-mm-Bohrer vorbohren, damit das Holz beim Eindrehen der Schrauben nicht reißt.
● Leimen Sie die Seitenkanten von Deckel- und Bodenteil ein. Montieren Sie zunächst den Deckel an eine Seitenwand, dann schieben Sie die Rückwand in die Nuten (nicht einleimen!) und setzen das Bodenteil dagegen. Spannen Sie die zweite Seitenwand mit Schraubzwingen fest. Sie wird ebenfalls verleimt und angeschraubt, dann lassen Sie den Schrank auf dem Arbeitstisch liegen, bis der Leim durchgetrocknet ist.
● Das Innenleben des Schranks gestalten Sie nach Ihren Bedürfnissen: als Wäscheschrank mit mehreren Fachböden, als Kleiderschrank mit Kleiderstange oder mit einer Kombination von ein bis zwei Fachböden und Kleiderstange. Vielleicht können Sie die Höhe, in der die Kleiderstange angebracht werden soll, oder die Abstände der Fachböden besser abschätzen, wenn der Schrank vor Ihnen auf dem Boden steht. Auf jeden Fall können Sie so besser daran arbeiten. Daher nehmen Sie diese Arbeit erst nach dem Zusammenbau des Möbels in Angriff.
● Die Oberkanten der Kleiderstange werden abgeschrägt und gerundet. Die Auflagen für die Stange schneiden Sie aus 20 mm dickem Abfallholz zu. Die Auflageleisten für die Fachböden werden mit jeweils drei Schrauben innen gegen die Seitenwände geschraubt. Für die hintere Schraube erhalten die Auflageleisten einen Schlitz in Längsrichtung, damit die Leiste die Seitenwand nicht sprengen kann, sollten diese sich beim Trocknen noch etwas zusammenziehen (Zeichnung).

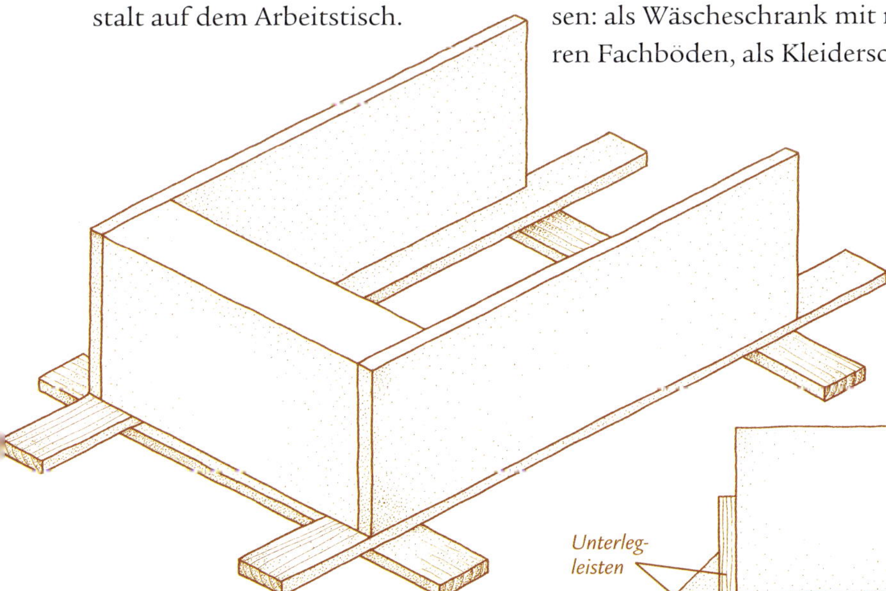

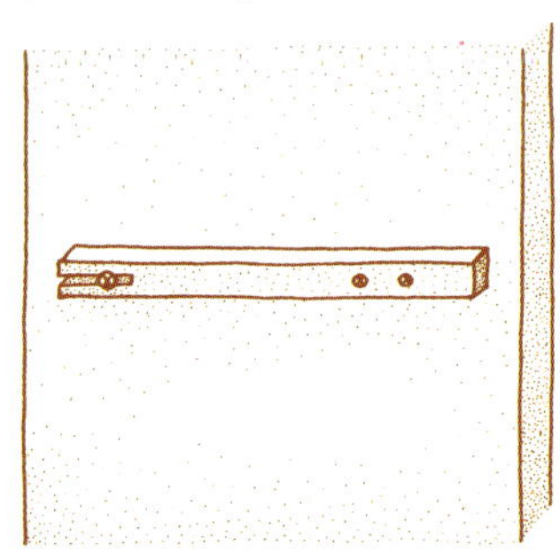

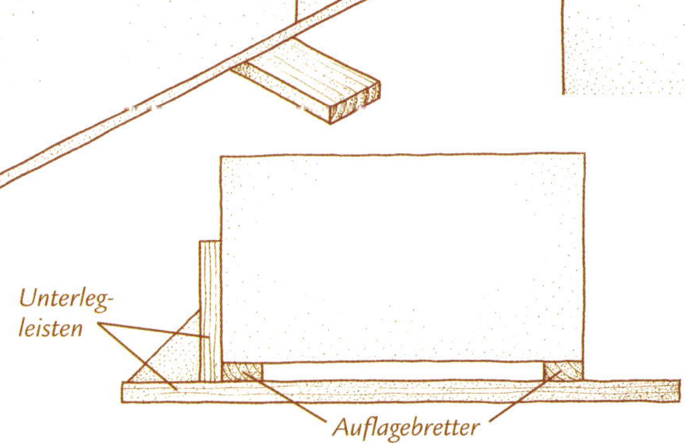

Herstellung der Türen

- Suchen Sie die Türleisten sorgfältig aus. Schließlich stehen sie allein und dürfen sich nicht verziehen. Nehmen Sie also möglichst Stücke mit geradem Faserverlauf. Peilen Sie an den Kanten entlang, ob das Holz nicht drehwüchsig oder verzogen ist, oder legen Sie die Leiste probeweise auf den Tisch der Hobelmaschine.
- Bei dieser Konstruktion sind die Querleisten breiter als die Längsleisten. Die Längsleisten werden außen an die Querleisten gesetzt und mit jeweils zwei Schrauben befestigt.
- Der Zuschnitt der Querleisten erfordert sehr präzises Arbeiten, denn wenn die Sägeschnitte nicht genau rechtwinklig verlaufen, kann das beim Zusammensetzen für die Längsleisten Abweichungen von mehreren Millimetern zur Folge haben. Das Sägeblatt muss sowohl zum Sägetisch als auch zum Queranschlag im rechten Winkel stehen. Überprüfen Sie die Einstellung mit einem Winkel. Wenn Sie ganz sicher gehen wollen, sägen Sie zunächst Querleisten aus Holzresten, um sie probeweise mit den Längsleisten zum Rahmen zusammenzulegen. Erst wenn alle Winkel stimmen, gehen Sie an den Zuschnitt der Querleisten.
- Richten Sie die Längsleisten ab und legen Sie den Rahmen lose auf dem Arbeitstisch zusammen. Drücken Sie ein Ende des Rahmens mit der Schraubzwinge zusammen, um zu prüfen, ob die Leisten auch am anderen Ende dicht schließen. Vor allem an den Enden der Fugen darf beim Zusammendrücken keine Lücke bleiben. Markieren Sie die Position der Leisten, damit der Rahmen nach dem Nuten wieder genauso zusammengebaut werden kann.
- Die Rahmenleisten werden 10 mm tief genutet (die Querleisten durchgehend, die Längsleisten im Tauchschnitt). Da die Türfüllung 12 mm dick ist, stellen Sie den Parallelanschlag der Kreissäge zunächst auf 9 mm ein, dann verschieben Sie ihn immer um die Breite eines Sägeschnitts, bis die Nut breit genug ist. Beginnen Sie mit dem Einsägen der Nut in der Mitte der Schmalkante und drehen Sie nach jedem Sägeschnitt das Brett um, sodass Sie mit einer Einstellung des Parallelanschlags zweimal sägen. So entsteht die Nut genau in der Mitte des Rahmens. Machen Sie die Nut so breit, dass sich die Füllung mit leichtem Druck einschieben lässt.
- Mit dem Bandschleifer werden die Füllungen an den Rändern leicht abgeflacht. Prüfen Sie, ob sich Rahmen und Füllung zusammenfügen lassen. Die Füllung wird nicht eingeleimt. Wegen der Rundungen am Ende der Tauchnut kann es sein, dass Sie auch die Türfüllungen an den Ecken runden müssen.
- Legen Sie die Türen auf Unterlegleisten und leimen Sie die Rahmenleisten zusammen. Nachdem der Leim getrocknet ist, bohren Sie von außen durch die Türlängsleisten vor und schrauben die Leisten zusammen. Die Holzstopfen setzen Sie erst nach dem Einpassen der Türen ein, damit die äußeren Kanten noch bearbeitet werden können.
- Die Türen werden nacheinander eingepasst. Wenn Sie nacharbeiten müssen, hobeln Sie die langen Seiten ab, die kurzen aber schleifen Sie, um zu vermeiden, dass an den

Die Türen werden zunächst probeweise auf der Arbeitsplatte zusammengesetzt. Falls erforderlich, werden die Ecken der Füllung abgeschnitten, damit sie in die Nuten der Längsleisten passen.

Die Leisten des Rahmens werden verleimt und mit Schraubzwingen verspannt. Die Füllung ist nur lose eingeschoben.

Außenkanten Späne abgerissen werden. Die Schmalkanten, in die die Scharniere eingesetzt werden, hobeln Sie nach innen, zum Inneren des Schranks, leicht schräg. So wird vermieden, dass die Tür in diesem Spalt klemmt oder immer aufgeht, wenn die Scharniere nicht absolut präzise montiert sind.

- Überangepasstheit führt oft zur Verklemmtheit. Das ist in besonderem Maße bei Massivholz der Fall, weil bei zu engen Fugen das lebendige Material Holz zu wenig Spielraum hat, um zu arbeiten. Achten Sie darauf, dass die Türen beim Einpassen etwa 1–2 mm breite Fugen haben – rundherum gleichmäßig allerdings.
- Im Schrank bringen Sie an der Deckelplatte 30 mm hinter der vorderen Kante eine 8 cm lange Leiste (Querschnitt 12 x 20 mm) an, an die beide Türen anschlagen.

Scharniere anbringen

- Die Türen werden mit Zylinderbändern angeschlagen. Um das Scharnierteil (den Lochlappen) an der Tür anzubringen, spannen Sie die Tür mit der Scharnierkante nach oben mit einer Schraubzwinge an dem auf dem Arbeitstisch liegenden Schrank fest, sodass die Stelle fürs Scharnier zugänglich bleibt. Markieren Sie die Mitte des Scharniers – sie liegt auf gleicher Höhe wie der Innenrand der Querleiste – und reißen Sie die Scharnierlänge an. Mit der Pucksäge schneiden Sie das Scharnierbett oben und unten ein. Das Material dazwischen wird mit der Oberfräse, die freihändig geführt werden muss, weggefräst. Stellen Sie die Oberfräse so ein, dass sie einen halben Millimeter weniger wegnimmt, als das Scharnier im zusammengelegten Zustand dick ist.

TIPP

Haben Sie die optimale Einstellung der Oberfräse für das Scharnierbett herausbekommen, fräsen Sie mit dieser Einstellung eine Vertiefung in die Kante Ihres Arbeitstisches. An dieser Stelle können Sie Ihre Fräse jederzeit wieder genauso einstellen, indem Sie den Fräskopf auf den Boden der Vertiefung drücken.

- Die Schraubpunkte für die Scharniere markieren Sie mit dem Vorstecher. Schrauben Sie zunächst die Lochlappen an den Türen an. Um die Position der Gegenstücke (der Stiftlappen) anzureißen, stellen Sie den Schrank auf den Boden. Bevor Sie die Tür in den Schrank einstellen, legen Sie etwa 1 mm dicke Pappstreifen unter. So erhalten Sie unten einen gleichmäßig breiten Spalt. Markieren Sie die Position des oberen Stiftlappens, stechen Sie die Schraublöcher wieder vor und schrauben Sie ihn an. Hängen Sie die Tür vorsichtig ein, dann schieben Sie den unteren Stiftlappen ein. Zeichnen Sie die Position an, stechen Sie die Schraubpunkte vor und schrauben Sie auch dieses Scharnierteil an.
- Bringen Sie auch die zweite Tür an und korrigieren Sie die oberen und seitlichen Spalte durch Schleifen.

Vorreiber

Zum Verschließen der Schranktüren verwenden Sie zwei Vorreiber, die Sie nach eigenen Vorstellungen gestalten können (Zeichnung unten). Wenn die zweite Schranktür nicht durch eine Schlagleiste zugehalten wird, muss sie ebenfalls durch Vorreiber verschlossen werden.

Die Vorreiber drehen sich um den gewindefreien Schaft einer Schraube. Dementsprechend müssen Sie vorbohren: erst etwa 5 mm tief das Loch für den Schraubenkopf und den Stopfen – hier bietet sich besonders an, einen Stopfen aus andersfarbigem Holz zu nehmen – und dann das Loch für den Schrau-

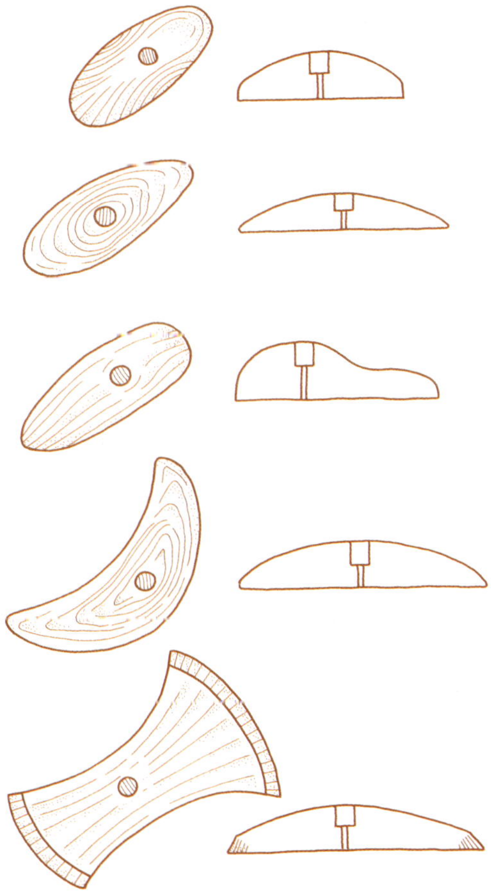

Die Schranktür wird mit Vorreibern geschlossen gehalten. Als Befestigung dient eine Schraube mit gewindefreiem Schaft.

benschaft. Nehmen Sie eine 50-mm- oder 70-mm-Schraube. Sollte sie in die Innenseite des Schranks hineinragen, leimen Sie dort ein entsprechend dickes Leistenstück ein.
Bei Schranktüren kommt es immer wieder vor, dass sich die Konstruktion diagonal verzieht. In einer solchen Situation helfen Vorreiber, aus der Not eine Tugend zu machen: Sie halten die Tür dort zu, wo sie etwas heraussteht, sodass sie überall dicht schließt.

Schlagleisten

Ein Spalt zwischen den Türen lässt sich durch eine Schlagleiste verdecken. Die Schlagleiste sollte mindestens einen Querschnitt von 10 x 25 mm haben und so lang sein, dass sie oben und unten etwa 15 mm über die Tür hinausragt. Halten Sie die Schlagleiste mittig an den Spalt und zeichnen Sie die Außenkante auf einer Tür an. An diese Markierung legen Sie den großen Winkel an, den Sie mit der kurzen Seite oben auf den Deckel setzen. So haben Sie die Gewähr, dass die Schlagleiste senkrecht sitzt, auch wenn die Türen oder der ganze Schrank ein wenig aus dem Lot sind.
Die Schlagleiste wird von außen gegen die Tür geleimt. Tragen Sie den Leim möglichst sparsam, aber ausreichend auf. Ich nehme dazu einen flachen Span. Zum Anklemmen nehmen Sie Leimklammern. Herausquellenden Leim gleich mit feuchtem Lappen abnehmen oder mit einem scharfen Stechbeitel abkratzen.
Ist der Spalt zu breit für eine einfache Schlagleiste, stellen Sie eine Leiste mit einem T-förmigen Querschnitt her (Zeichnung).

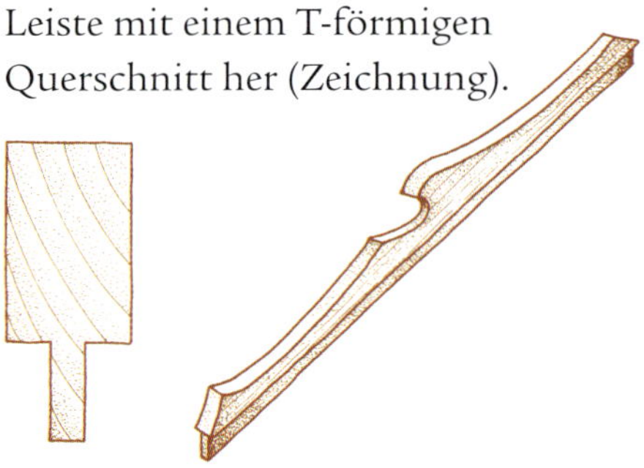

Der senkrechte Balken des T füllt den Spalt aus. Bei der Herstellung dieser Leiste nehmen Sie aus Sicherheitsgründen eine etwa 10 cm breite Leiste. Zum Ausschneiden des T-Profils wird sie zwei Mal flach und zwei Mal hochkant über die Säge geschoben.
- Ein originelles und vielfältig gestaltbares Detail des Kleiderschrankes ergibt sich, wenn Sie Schlagleiste und Griff aus einem Stück fertigen. Hier sind Ihrer Kreativität und Experimentierfreude kaum Grenzen gesetzt.

Griffe

Griffe müssen gut aussehen und sich vor allem gut anfühlen. Ob an Türen oder Schubladen – sie werden am häufigsten in die Hand genommen. Deshalb prägen sie besonders die »Persönlichkeit« des Möbels – und sind eine gute Gelegenheit, ihm eine besondere Note zu geben.
Wählen Sie festes Holz mit dichter Maserung oder Hartholz.
Der einfachste Griff ist ein in eine Bohrung eingeleimter Knauf. Dazu wird eine Quadratleiste, deren Querschnitt etwa der gewünschten Griffdicke entspricht und die eine Arbeitslänge von etwa 40 cm hat, mit der Säge vorsichtig angespitzt und in eine entsprechende Bohrung – möglichst in einem Hartholzklotz – mit dem Hammer eingeschlagen. Wenn Sie sie wieder herausnehmen, ist am Abdruck des Lochrandes an der zugespitzten Leiste zu sehen, wie die Spitze nachgearbeitet werden muss.
Dazu spannen Sie den Bandschleifer stationär ein und drehen die Leiste mit gleichmäßigem Druck über ein rundes Ende des Schleifbandes. Dann sägen Sie den Griff ab und formen ihn am Bandschleifer – eine Tätigkeit, die geübt sein will, aber unendliche Möglichkeiten eröffnet. Noch besser ist es, wenn Sie außer dem Bandschleifer auch eine fest installierte Schleifscheibe zur Verfügung haben. Bei diesen Modellierarbeiten an der Schleifmaschine gelten ähnliche Regeln wie bei Schnitz- oder Stemmarbeiten: Arbeiten Sie vor-

Stadien der Herstellung eines Schubladengriffs (von links nach rechts): Leiste mit der Säge anspitzen; Rundung mit dem Bandschleifer bearbeiten; auf endgültige Länge sägen; vor der Fertigstellung prüfen, ob er in die Bohrung passt.

sichtig, mit beherrschtem, verhaltenem Druck. Nehmen Sie sich vor den schneidenden Kanten des Schleifpapiers in Acht.

Griffe aus beliebig geformten, z. B. konisch zulaufenden Klötzen können von der Türinnenseite aus mittig angeschraubt werden. Damit das Holz nicht reißt, markieren Sie die Bohrung mit dem Vorstecher und bohren mit einem 2-mm-Bohrer vor.

Schön sind auch geschwungene Griffe, die aufgesetzt sind und von unten gefasst werden. Bei Griffen dieser Art muss die Auflagefläche schräg zur Faser geschnitten sein, sonst bricht das Holz in der kurzen Faser des Griffs.

Ornamente

Mit einer Stichsäge können Sie an den Rändern des Möbels Ausschnitte oder Muster aussägen. Bohren Sie zum Ansetzen der Säge jeweils ein Loch.

Ein paar gestalterische Tipps:

- Vermeiden Sie abstrakte geometrische Linien. Kreise oder gerade Linien zu sägen ist schwieriger, als es auf den ersten Blick aussieht, denn auch kleine Fehler fallen sofort ins Auge. Das Gleiche gilt für alle symmetrischen Figuren.
- Ornamente dürfen Sie nur dort ausschneiden, wo das Holz nicht geschwächt ist oder unter natürlicher Spannung steht, z. B. durch Äste oder im Kernbereich.
- Es bietet sich an, solche Verzierungen für Füllungen vorzusehen, weil das Holz, das in die Füllung nur eingeklemmt ist, seinen Spielraum und damit seine Festigkeit behält.
- Bei der Wahl der Formen muss der Faserverlauf besonders sorgfältig berücksichtigt werden. Wenn spitze Formen quer zur Faser ausgeschnitten werden, brechen die Stege irgendwann ab. Arbeiten Sie also in Richtung des Faserverlaufs. Dann können Sie sehr dünne Stege stehen lassen und sehr feine, filigrane Strukturen schaffen.
- Unter diesem Aspekt der Materialgerechtigkeit kommt man fast von selbst zur Lanzett- oder Blattform, die sich in Wuchsrichtung des Holzes weiterentwickelt – ein Motiv, das auch sonst als Gestalt und Bewegungsmuster vielfältig variiert in der Natur auftritt: die Form mit den zwei gegeneinander versetzten S-förmigen Umfangslinien.

Ornamente, die sich am Verlauf der Holzmaserung orientieren, ergeben auch bei anderen Möbeln wie hier am Kopfteil eines Bettes ein harmonisches Bild.

Bei geschwungenen Griffen muss der Faserverlauf des Holzes berücksichtigt werden, damit der Griff nicht wegen zu kurzer Fasern abbricht.

Zusätzliche Schublade

Der Schrank ist sehr kompakt bemessen. Wenn Sie mehr Platz brauchen, setzen Sie eine großräumige Schublade darunter; in der Höhe kann der Schrank ja ruhig noch ein paar Zentimeter vertragen. Unter den Schrank werden Füße geschraubt, zwischen denen eine Schublade auf Rollen Platz findet, die bequem nach vorn herausgezogen werden kann.

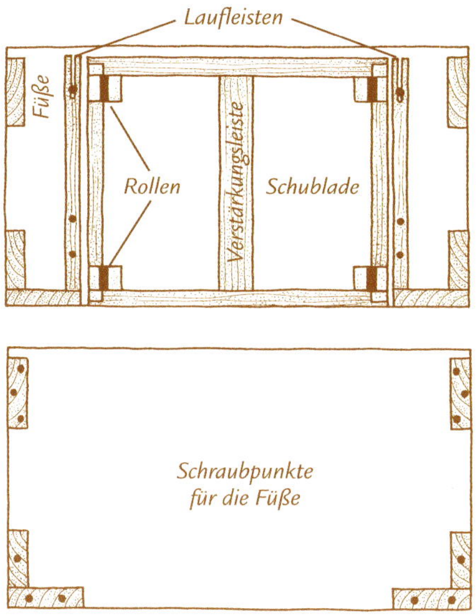

Bauanleitung

- Verleimen Sie die Teile der beiden vorderen Füße jeweils zu einem L und schrauben Sie alle vier Füße durch die Bodenplatte unter den Schrank (Zeichnung oben). Berücksichtigen Sie bei den hinteren Füßen die Fußleiste, falls vorhanden, damit der Schrank an die Wand gerückt werden kann. Wegen der Fußleiste hat die Schublade auch nicht die totale Schranktiefe.
- Fasen Sie mit dem Bandschleifer alle Unterkanten der Füße, damit der Schrank schön dasteht.
- Stellen Sie die Schublade her. Die Schubladenwände werden mit einem Parallelabstand von 25 mm und einer Tiefe von 13 mm genutet. Der Schubladenboden wird durch eine darunter geleimte Leiste verstärkt.
- Um die Rollen anzubringen, werden die Seitenwände an der Unterkante an allen vier Ecken bis zum Sperrholzboden ausgeklinkt. Es reicht, wenn Sie die Rollen mit jeweils zwei Schrauben von unten her an den Seitenwänden befestigen.
- Stellen Sie die Schublade vor den Schrank und zeichnen Sie die Innenkanten der Führungsleisten ab. Auch diese Leisten werden am hinteren Ende durch einen Schlitz festgeschraubt, damit sie »beweglich« bleiben. Durch die Führungsleisten wird die Schublade seitlich eingefasst, sodass sie beim Raus- und Reinrollen nicht aus der Bahn gerät.
- Wenn nicht die Fußleiste diese Rolle übernimmt, bringen Sie am hinteren Rand der Bodenplatte eine Anschlagleiste an.
- Nun bleibt noch die Überlegung, was für einen Griff die Schublade erhalten soll. Ich würde ihn in einer Linie mit der Schlagleiste der Schranktür anbringen. Das Einfachste wäre eine Griffmulde, die Sie in die Oberkante der Schubladenfront sägen. Interessanter wirkt eine einfach herzustellende Maus, die etwa 20 cm vor dem Schrank liegt und deren Schwanzende durch ein Loch der Verstärkungsleiste im Schubladenboden verknotet ist.
- Die Maus wird erst ausgesägt, dann nehmen Sie die Bohrungen für den Schwanz, die Augen und die Ohren vor. Als Schwanz verwenden Sie eine feste Lederschnur.

Schnittliste

Holzdicke 50 mm
für die vorderen Füße:
2 Vorderteile, 14 x 20 cm
2 Seitenteile, 7 x 20 cm
2 hintere Füße, 12 x 20 cm

Holzdicke 30 mm
1 Vorderstück, 19 x 62 cm
1 Hinterstück, 19 x 62 cm
2 Führungsleisten, 3 x 47 cm

Holzdicke 20 mm
2 Seitenteile, 19 x 49 cm
1 Verstärkungsleiste, 8 x 44 cm

Sperrholz, 3 mm
1 Schubladenboden, 46,4 x 60,4 cm

Weiteres Material
4 Rollen, 30 mm hoch
Schrauben, 3,5 x 35 mm;
4,5 x 70 mm

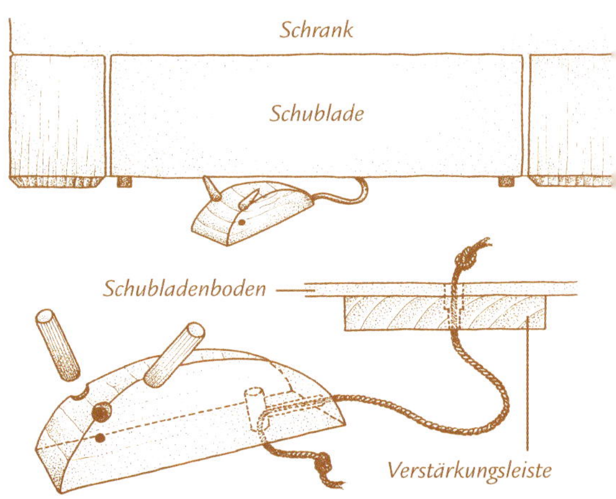

Badezimmer-schrank

Schmal und nicht zu hoch, tief genug für Handtücher, mit Stauraum für Toilettenpapier und Reinigungsmittel, mit Schubladen für Pillen und Cremes, mit Regalen für Shampoo, Krimis oder Comics – ein Schrank im Badezimmer muss vielen Anforderungen gerecht werden.

Bauanleitung

- Stellen Sie den Parallelanschlag Ihrer Kreissäge auf etwa 10 mm und nuten Sie die Seitenwände im Tauchschnitt, das obere Abschlussbrett und die untere Zarge durchgehend 10 mm tief.
- Bauen Sie das obere Abschlussbrett und die Deckelplatte so zu-

Schnittliste

Holzdicke 30 mm

1 oberes Abschlussbrett, 15 x 86 cm
1 hintere untere Zarge, 12 x 86 cm
1 unteres Frontbrett, Zuschnitt aus 16 x 86 cm (siehe Zeichnung)
1 Stützleiste unter der Mittelplatte, 5 x 86 cm
1 Bodenplatte, 27 x 86 cm
1 Mittelplatte, Zuschnitt aus 41 x 94 cm (siehe Zeichnung)

Holzdicke 20 mm

1 Deckelplatte, 27 x 86 cm
1 Fachboden im Schrankteil, 26 x 86 cm
2 Seitenteile für Schubladenblock, 29 x 86 cm
4 Türlängsleisten, 5 x 60
4 Türquerleisten, 7 x 33
2 Seitenteile, 30 x 184
2 Verstärkungen im Sockelbereich, 24 x 13 cm
2 Fachböden neben Schubladenblock, 29 x 29 cm
4 Zwischenböden für Schubladen, 29 x 24 cm
8 Schubladenvorder- und -hinterstücke, 19,5 x 24 cm

Holzdicke 12 mm

8 Schubladenseiten, 19,5 x 28 cm
2 Türfüllungen, 35 x 48 cm

Sperrholz, 3 mm

1 Rückwand, 87,8 x 139,8 cm
4 Schubladenböden, 22,6 x 27 cm

Weiteres Material

Schrauben, 3,5 x 50 cm; 4,5 x 70 cm
4 Zylinderbänder, 50 mm
1 oder 2 Vorreiber

sammen, dass die Unterkante des Abschlussbretts 1 cm (= Tiefe der Nut) unter der Deckelplatte liegt. Dazu legen Sie den Deckel auf 1 cm dicke Hilfsleisten (Zeichnung unten). Die Schraubpunkte werden vorgebohrt, die Schrauben drehen Sie von hinten durch das Abschlussbrett. Erweitern Sie die Bohrungen mit dem Ausreiber, um die Schraubenköpfe zu versenken.

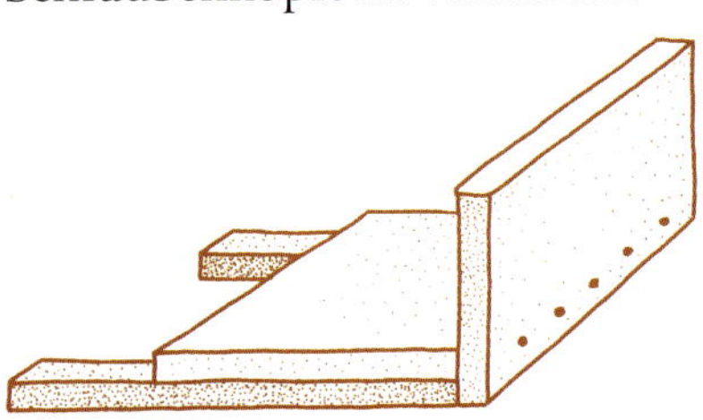

- Bauen Sie das Frontbrett, die Bodenplatte und die untere Zarge zusammen.
- Legen Sie die Seitenwände mit den Außenseiten nach unten Rücken an Rücken auf den Arbeitstisch. Verwenden Sie Unterlegleisten.
- Am unteren Ende schrauben Sie die Verstärkungen auf, jeweils bündig mit der unteren hinteren Ecke. Da Sie in diesem Bereich mit der Stichsäge den Bogen ausschneiden, dürfen die Schraubpunkte nicht in der Schnittlinie liegen. Damit der Ausschnitt symmetrisch wird, stellen Sie sich für eine Ausschnitthälfte eine Schablone her, die Sie dann einmal richtig und einmal seitenverkehrt anlegen und abzeichnen (siehe Seite 26, rechte Spalte). Ebenso gehen Sie beim unteren Frontbrett vor.
- Auf den Seitenteilen zeichnen Sie mit einem großen Winkel Hilfslinien für die Unterkanten der Mittelplatte ein.
- Wie beim Kleiderschrank (siehe Seite 61) stellen Sie die Seitenteile auf die rückwärtige Kante. Befestigen Sie zunächst das Bodenelement an einem Seitenteil. Schieben Sie die Rückwand in die Nuten und befestigen Sie das zweite Seitenteil. Das obere Abschlussbrett mit der

Deckelplatte wird erst eingepasst, wenn der Schubladenblock auf der Mittelplatte befestigt ist.

- Schneiden Sie die Mittelplatte zu. Wie lang die 4 cm breiten Streifen sind, die Sie an den Seiten wegschneiden müssen, hängt von der Position der Rückwand ab. Messen Sie den Abstand zwischen Rückwand und Vorderkante des Seitenteils, übertragen Sie dieses Maß auf die Mittelplatte und sägen Sie die Streifen bis zu den Überständen ab. Die Platte müsste sich nun leicht zwischen die Seitenteile einschieben lassen. Bevor Sie die Platte fest einbauen, schleifen Sie die Flächen und Kanten. Dann schrauben Sie die Platte durch die Seitenteile fest. Mit zwei oder drei kleinen Schrauben (2,5 x 20 mm) befestigen Sie die Rückwand an der Mittelplatte.
- Unter die Mittelplatte montieren Sie bündig mit der Vorderkante der Seitenteile die 5 cm breite Stützleiste. Sie wird mit je einer Schraube durch die Seitenteile und mit drei Schrauben von unten an der Mittelplatte befestigt. Alle Schraubenlöcher verschließen Sie mit Holzstopfen.
- Bauen Sie die Schubladen zusammen. Die Beschreibung finden Sie auf Seite 49f. Die fertigen Schubladen werden sorgfältig geschliffen. Sie gleiten besser, wenn sie glatte Seiten und Kanten haben, und durch das beim Schleifen abgetragene Material dürften die Schubladen genügend Spielraum haben.
- Den Schubladenblock stellen Sie fertig, indem Sie Schubladen und Zwischenböden aufeinander setzen. Legen Sie auf jede Schublade einen dünnen Pappstreifen. So ist gewährleistet, dass die Schubladen in der Höhe das nötige Spiel haben.
- Stellen Sie die Seitenteile des Schubladenblocks gegen die aufgestapelten Schubladen. Spannen Sie das Ganze vorsichtig mit Schraubzwingen zusammen und kontrollieren Sie, ob Zwischenböden und Seitenteile im rechten Winkel zueinander sind. Prüfen Sie, ob sich die Schubladen noch bewegen lassen und ob die oberste Schublade knapp unter der Oberkante der Seitenteile endet. Wenn nicht, müssen Sie noch einmal großzügiger nachschleifen. Dann bohren Sie Versenklöcher und schrauben Sie alle Zwischenböden von außen durch die Seitenteile fest. Verschließen Sie die Versenklöcher mit Holzstopfen. Nach dem Trocknen des Leims wird der Schubladenblock außen geschliffen.
- Stellen Sie den Schrank auf den Werkstattboden und schieben Sie den Schubladenblock auf die Mittelplatte. Mit Hilfe der beiden Fachböden rechts und links wird dieses Bauteil zentriert und von unten durch die Mittelplatte befestigt.
- Als Halter für die kleinen Fachböden rechts und links neben dem Schubladenblock drehen Sie Schrauben ein (3,5 x 20 mm), die 5 mm aus dem Holz herausragen. Sie benötigen pro Fachboden vier Schrauben. Damit die Fachböden auf gleicher Höhe sitzen, verwenden Sie als Schablone eine etwa 53 cm lange Leiste, um den Abstand von der Mittelplatte festzulegen. Die Schraubenköpfe sollen nicht sichtbar sein, daher fräsen Sie die Fachböden an den Auflagepunkten 10 mm tief U-förmig ein (Zeichnung).

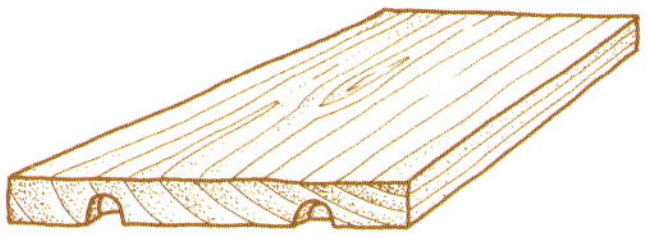

- Nun passen Sie den Deckel ein, wobei die Nut des Abschlussbretts über die Rückwand geschoben wird. Der Schubladenblock wird von oben durch den Deckel mit versenkten Schrauben befestigt. Dann bohren Sie die Versenklöcher in die Seitenteile, um die Schrauben für Deckel und Abschlussleiste einzudrehen.
- Verschließen Sie alle noch offenen Versenklöcher mit Holzstopfen und schleifen Sie die Flächen, wenn der Leim getrocknet ist.
- Stellen Sie die Türen her und bringen Sie die Scharniere an, außerdem Schlagleiste, Griffknöpfe und Vorreiber zum Verschließen der Türen. Diese Arbeitsgänge sind die gleichen wie bei den Türen des Kleiderschranks (Seite 61ff.)
- Auf der Bodenplatte befestigen Sie eine 8 cm lange Leiste (Querschnitt 12 x 20 mm) als Anschlag für die Türen. Um die Position innen anzuzeichnen, schließen Sie eine Tür und halten Sie sie in der richtigen Position mit der Hand fest.
- Zum Schluss bleibt noch, wie bei allen Möbeln, die Oberflächenbehandlung, nachdem der Schrank den letzten Schliff erhalten hat.

Aufsatzschrank

Der Aufsatzschrank gehört in die Küche, wo seine beiden Teile auch einzeln als Kommode und Hängeschrank verwendet werden können. Er ist als Geschirrschrank gedacht und hat eine recht geringe Tiefe, damit man alles leicht erreichen kann.

Im unteren Teil sollten die Geschirrstapel nicht hintereinander stehen. Hier ist Raum für große Teller und Schüsseln, im oberen Teil für kleine Teller, Tassen und Gläser.

Bewährt haben sich fünf bis acht mit handlichen Griffknöpfen versehene schmale, hohe Schubladen nebeneinander, die leicht herausgenommen werden können, z. B. für Gewürze. Die Türfüllungen bestehen aus Holz, Glas oder Drahtgeflecht.

Schnittliste

Holzdicke 30 mm
für den Unterschrank:
1 hintere obere Zarge, 17 x 86 cm
1 hintere untere Zarge, 12 x 86 cm
1 unteres Frontbrett, Zuschnitt aus 15 x 86 cm (siehe Zeichnung)
1 Fachboden für die Schubladen, 29 x 86 cm
1 Deckelplatte, 37 x 95 cm
1 Verstärkungsleiste, 3 x 81,5 cm

für den Aufsatz:
1 hintere untere Zarge, 12 x 86 cm
1 oberes Abschlussbrett, Zuschnitt aus 22 x 86 cm (siehe Zeichnung)
Deckel- und Bodenplatte, je 19 x 86 cm

Holzdicke 20 mm
für den Unterschrank:
1 Fachboden, 21 x 86 cm
1 Bodenplatte, 26 x 86 cm
2 Seitenteile, 32 x 86 cm
2 Sockelverstärkungen, 26 x 13 cm
10 Vorder- und Hinterstücke für die Schubladen, 14 x 15,6 cm
4 Schubladentrennwände, 20 x 14 cm
4 Türquerleisten, 7 x 33 cm
4 Türlängsleisten, 5 x 54 cm

für den Aufsatz:
2 Fachböden, 18 x 96 cm
2 Seitenteile, 22 x 120 cm
1 untere Frontleiste, Zuschnitt aus 11 x 86 cm (siehe Zeichnung unten)
4 Türquerleisten, 7 x 33 cm
4 Türlängsleisten, 5 x 62 cm

Holzdicke 12 mm
für den Unterschrank:
10 Seitenteile für die Schubladen, 14 x 26 cm
2 Türfüllungen, 34,5 x 41,5 cm
für den Aufsatz:
2 Türfüllungen, 34,5 x 49,5 cm

Sperrholz, 3 mm
für den Unterschrank:
1 Rückwand, 87,5 x 56,5 cm
5 Schubladenböden, 14,2 x 25,5 cm
für den Aufsatz:
1 Rückwand, 87,5 x 52,5 cm

Weiteres Material
Schrauben, 3,5 x 35 mm; 3,5 x 50 mm
8 Zylinderbänder, 50 mm
9 Griffknöpfe für Türen und Schubladen
4 Magnetverschlüsse für die Türen

Bauanleitung

Unterschrank

- Nuten Sie mit gleicher Einstellung des Parallelanschlags Ihrer Kreissäge die hinteren Zargen durchgehend und die Seitenteile im Tauchschnitt jeweils 10 mm tief.
- Montieren Sie die hintere obere Zarge von unten an die Deckelplatte, bündig mit der hinteren Kante.
- Sägen Sie den geschweiften Ausschnitt des unteren Frontbretts zu. Damit die Form symmetrisch wird, stellen Sie eine Schablone aus Pappe oder Sperrholz her (siehe Seite 45). Befestigen Sie die Verstärkungs-

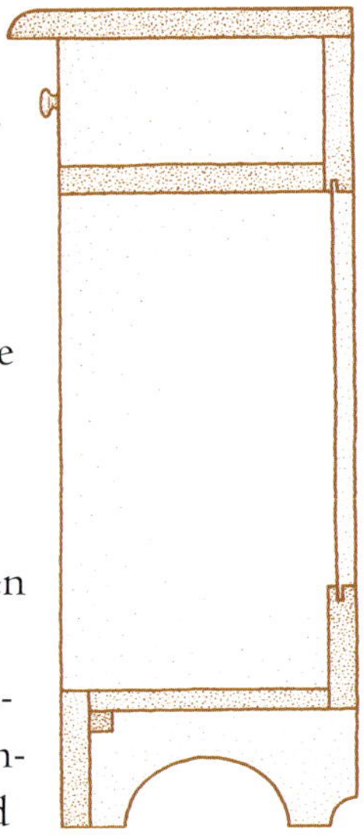

leiste mittig unter der Bodenplatte, bündig mit der Vorderkante. Bauen Sie Bodenplatte, Frontbrett und hintere untere Zarge zusammen (Zeichnung).

- Auf die Innenseiten der Seitenteile leimen und schrauben Sie die Sockelverstärkungen bündig mit der hinteren unteren Ecke. Mit der Stichsäge sägen Sie den Bogen heraus.
- Legen Sie die Seitenteile mit den Außenseiten nach unten Rücken an Rücken auf den Arbeitstisch. Mit einem langen Winkel reißen Sie die Oberkante des Fachbodens für die Schubladen an.
- Bauen Sie das Bodenelement und ein Seitenteil zusammen. In die Nuten schieben Sie die Rückwand ein, dann setzen Sie den Schubladenfachboden ein, bündig mit der Vorderkante des Seitenteils. Fügen Sie das zweite Seitenteil an und verschließen Sie alle Versenklöcher mit Holzstopfen.
- Stellen Sie die fünf Schubladen her (siehe Seite 49f.).
- Setzen Sie die Schubladen nebeneinander auf den Fachboden, jeweils mit einer Trennwand dazwischen. Legen Sie als Montagehilfe die Deckelplatte schon mal auf und fixieren Sie sie mit langen Schraubzwingen. Dabei schützen Sie die Oberfläche mit zwei untergelegten Leisten. Prüfen Sie, ob die Schubladen genügend Spiel haben. Andernfalls müssen Sie die Schubladenseiten nachschleifen.
- Fixieren Sie nacheinander die Trennwände mit Schraubzwingen, um sie von unten durch den Fachboden mit jeweils drei Schrauben zu befestigen. Mit dem Ausreiber erweitern Sie die Schraubpunkte, damit die Schraubenköpfe bündig versenkt werden können.
- Befestigen Sie hinter den Schubladen eine Anschlagleiste (Querschnitt etwa 10 x 20 mm), damit die Schubladen, wenn sie eingeschoben sind, vorne bündig abschließen.
- Richten Sie die Deckelplatte mittig aus und schrauben Sie sie von oben her an. Um auch die Trennwände mit der Deckelplatte zu verbinden, drehen Sie Schrauben von vorn schräg nach oben in die Platte. Dazu müssen Sie vorbohren. Verschließen Sie die Versenklöcher mit Holzstopfen. Bei den Versenklöchern vorn in den Trennwänden müssen Sie die Schräge der Bohrung berücksichtigen.
- Zum Einlegen des Fachbodens bringen Sie 20 cm lange Auflageleisten an (Querschnitt 2 x 2 cm), die aber nur geschraubt, nicht angeleimt werden. Setzen Sie die Schraubpunkte mittig im Abstand von 10 cm.

Aufsatz

- Legen Sie die Seitenwände mit den Außenseiten nach unten Rücken an Rücken auf den Arbeitstisch und markieren Sie die Position der Boden- und der Deckelplatte (Zeichnung oben). Zwischen diesen Markierungen sägen Sie die 10 mm tiefe Tauchnut für die Rückwand, die nur im Schrankteil des Aufsatzes eingeschoben wird. Mit der gleichen Einstellung des Parallelanschlags nuten Sie die untere Zarge und das obere Abschlussbrett.
- Die untere Zarge montieren Sie von hinten gegen die Bodenplatte, bündig mit der Unterkante. Beim Zusammenbau von oberem Abschlussbrett und Deckelplatte legen Sie zwei 2 cm dicke Hilfsleisten unter (Zeichnung), damit die Verbindungsschrauben nicht im Bereich der Nut sitzen.

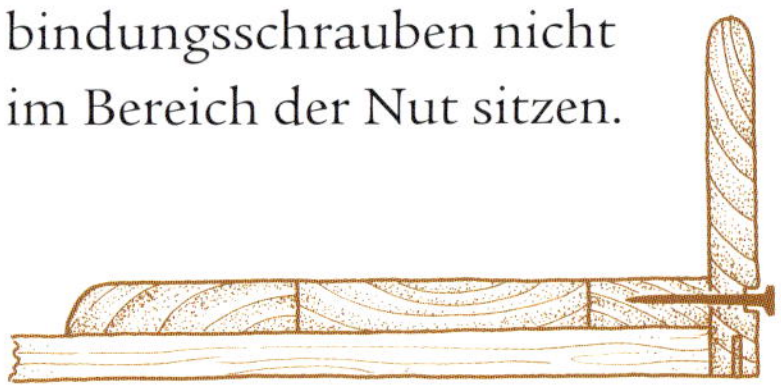

- Bauen Sie mit versenkten Schrauben Boden- und Deckelteil mit einem Seitenteil zusammen, schieben Sie die Rückwand ein und befestigen Sie das zweite Seitenteil. Alle Versenklöcher werden mit Holzstopfen verschlossen.

- Zum Einlegen der Fachböden bringen Sie Auflageleisten an (Querschnitt 2 x 2 cm), die geschraubt, nicht angeleimt werden. Die hinteren Schrauben sitzen in Schlitzen, damit die Seitenwände arbeiten können.
- Damit der Aufsatz nicht kippen kann, wird er von hinten mit dem Unterschrank verbunden. Dazu schrauben Sie zwei 20 cm lange und 2 cm breite Sperrholzstreifen oder Leisten oben und unten mit je zwei Schrauben auf. Aus optischen Gründen schrägen Sie die Kanten der Leisten ab (Zeichnung).

- Messen Sie dort, wo der Schrank aufgestellt werden soll, die Fußleiste und sägen Sie mit der Stichsäge unten an den Seitenteilen entsprechende Aussparungen, damit der Schrank direkt an der Wand stehen kann (Zeichnung).

Die Tür wird durch einen von oben eingesteckten Stift verriegelt. Als Anschlag für die Tür dient ein innen angeleimtes Leistenstück. Der Stift hat einen Durchmesser von etwa 8 mm, er wird stramm eingepasst und eingeseift.

Türen

- Stellen Sie die Türen her, montieren Sie Griffknöpfe und Zylinderbänder und setzen Sie die Türen ein. (Die Arbeitsanleitung dazu finden Sie auf Seite 61 ff.)
- Versehen Sie jeweils eine Tür mit einer Schlagleiste. Damit die Türen geschlossen bleiben, montieren Sie Magnetverschlüsse. Eine Verschlussvariante für den Aufsatz ist ein Stift, der von oben durch die Deckelplatte in den Türrahmen gesteckt wird.

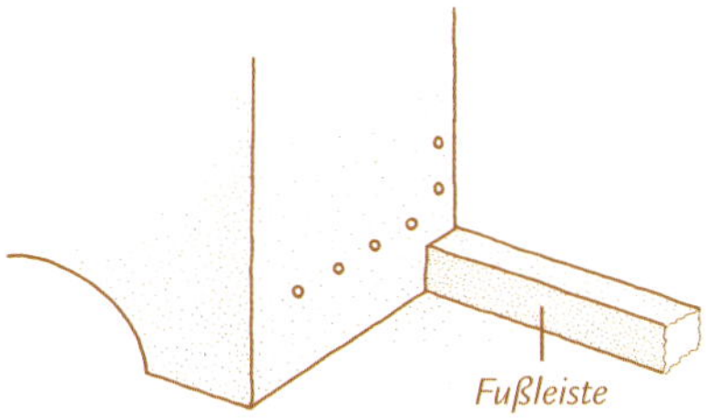

- Um Glas als Füllung einzusetzen, geben Sie beim Schneiden der Nut zur Dicke der Glasplatte noch 1 mm dazu; Glas darf nicht unter Spannung stehen, sonst bricht es irgendwann. Wenn die Schranktür nach der Montage beim Zuklappen leicht scheppert, beheben Sie das, indem Sie mit einer Messerklinge von innen in die Nut ein paar Flöckchen Schaumstoff drücken.
- Eine reizvolle Alternative als Türfüllung stellen kräftig gemaserte und ungleichmäßig geformte Holzstreifen dar, die in die Nuten eingeschoben werden.

Hier dienen Streifen aus Eibenholz als Türfüllung. Sie werden lose in die Nut der Rahmenbretter eingesetzt.

Sekretär

Braucht man einen Sekretär? Wer schreibt schon noch mit der Hand? Und dennoch findet sich immer wieder eine Gelegenheit dazu, seien es Schularbeiten oder Glückwunschkarten, sei es ein Brief oder ein handschriftlicher Gruß.
Das Wichtigste bei einem solchen Möbel: Es braucht Schubladen für die vielen Dinge, die Sie dort verstauen möchten – Schreibutensilien, Briefe, Sammelalben, Krimskrams.
Der nachfolgenden Schnittliste und der Bauanleitung liegt der gezeichnete Entwurf (siehe Zeichnung Seite 75) zugrunde. Eine weitere Variante sehen Sie auf dem Foto Seite 77. Haben Sie also Mut, den vorgestellten Entwurf zu verändern. Bauen Sie so viele Schubladen ein, wie Sie brauchen.

Schnittliste

Holzdicke 50 mm
2 Tischbeine, 9 x 70 cm

Holzdicke 30 mm
1 obere Abschlusszarge, 25 x 96 cm
1 Fachboden unter der Schreibplatte, 30 x 96 cm
1 vordere Tischzarge, Zuschnitt aus 13 x 90 cm (siehe Zeichnung)
1 hintere Tischzarge, 16 x 96 cm
2 Seitenzargen, 16 x 60 cm
2 Stützleisten für die Schubladenführung, 3 x 90 cm

Holzdicke 20 mm
2 Seitenteile, 35 x 140 cm
1 Tischplatte, Zuschnitt aus 69 x 104 cm
1 oberer Fachboden, 32 x 96 cm
1 mittlerer Fachboden, 34 x 96 cm
2 Seitenteile für die Schubladenblöcke, 34 x 40 cm
8 Zwischenböden für Schubladen, 34 x 24 cm
22 Vorder- und Hinterstücke für Schubladen, 8 x 24 cm
8 Führungsleisten für die Tischschubladen, 6 x 57 cm

Holzdicke 12 mm
6 Seitenteile für die Tischschubladen, 8 x 57 cm
16 Seitenteile für die Schubladen im Aufsatz, 8 x 33 cm

Birkensperrholz, 3 mm
3 Böden für Tischschubladen, 22,6 x 56,5 cm
8 Böden für die Schubladen im Aufsatz, 22,6 x 32,5 cm
1 Rückwand, 97,5 x 46,5

Weiteres Material
Schrauben, 3,5 x 35 mm; 4,5 x 70 mm
11 Schubladengriffe
6 Klemmklötze

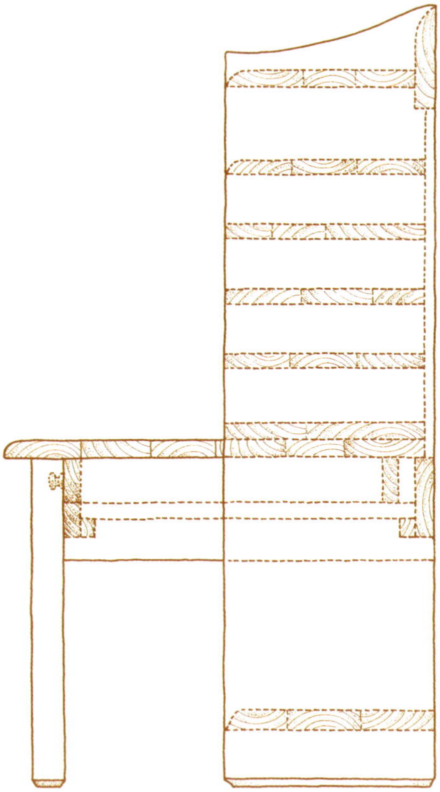

Bauanleitung

- Sägen Sie in der vorderen Zarge die Ausschnitte für die Schubladen. Legen Sie vordere und hintere Zarge aufeinander, Oberkanten auf gleicher Höhe, und übertragen Sie die Umrisse der Ausschnitte von der vorderen auf die hintere Zarge. An diesen Umrissen orientieren Sie sich später beim Einbau der Führungsleisten für die Tischschubladen.
- Mit gleicher Einstellung des Parallelanschlags Ihrer Kreissäge werden die Seitenteile im Tauchschnitt, die hintere Zarge und das obere Abschlussbrett durchgehend 10 mm tief genutet.
- Zeichnen Sie den oberen geschweiften Abschluss auf einem Seitenteil an und sägen Sie die Form mit einer Stichsäge. Die fertige Seite verwenden Sie als Schablone für das zweite Seitenteil.
- Legen Sie die Seitenteile mit den Außenflächen nach unten Rücken an Rücken auf den Arbeitstisch. Markieren Sie die Position der Zargen, Fach- und Zwischenböden,

indem Sie mit einem großen Winkel Hilfslinien für die Unterkanten ziehen.

- Montieren Sie das obere Abschlussbrett von hinten an den oberen Fachboden. Da es über die Unterkante des Fachbodens hinausragt, legen Sie beim Zusammenbau entsprechend dicke Leisten unter (Zeichnung Seite 72 unten rechts).
- Nuten Sie die Seitenzargen für die Aufnahme der Klemmklötze. Um die Tischbeine gegen die Stirnseiten der Zargen zu montieren, legen Sie die Zargen auf 3 cm dicke Leisten (Zeichnung unten). Die Tischbeine werden von vorne mit jeweils drei versenkten Schrauben befestigt.

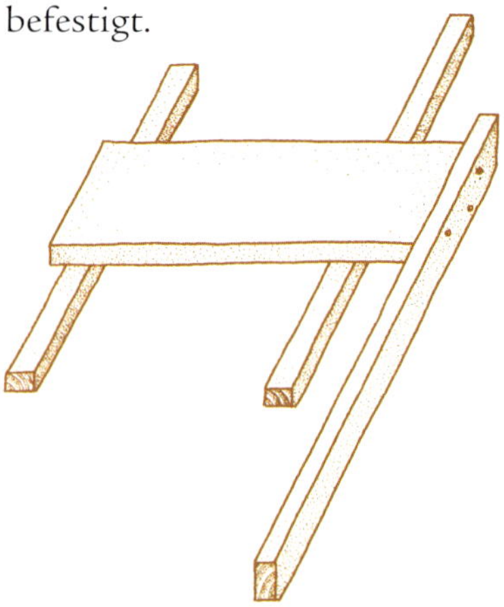

- Befestigen Sie die Seitenzargen mit dem anderen Ende an den Seitenteilen. Damit die Seitenteile arbeiten können, darf die Zarge nur im Bereich der Vorderkante der Seitenwand starr befestigt werden. Die Schrauben am Zargenende setzen Sie in Sägeschlitze (siehe Zeichnung rechts).
- Setzen Sie die Seitenteile hochkant auf vier Unterlegleisten auf den Arbeitstisch. Befestigen Sie den unteren Fachboden, die hintere Zarge und den oberen Fachboden mit dem Abschlussbrett an dem ersten Seitenteil, schieben Sie die Rückwand in die Nuten ein und setzen Sie das zweite Seitenteil dagegen.
- Stellen Sie das Ganze auf den ebenen Werkstattboden oder eine große Platte. Setzen Sie die vordere Querzarge zwischen die Seitenzargen und spannen Sie mit einer langen Schraubzwinge die Tischbeine vorsichtig zusammen, damit die Zarge in ihrer Position gehalten wird. Kontrollieren Sie, ob die Tischbeine im rechten Winkel zur vorderen Zarge stehen. Dann schrauben Sie die Zarge in beiden Ecken von innen an die Vorderbeine.
- Stellen Sie die Schubladen her. Die Bauanleitung finden Sie auf Seite 49f.
- Die Stützleisten, auf denen die Führungsleisten für die Schubladen aufliegen, werden von innen auf der vorderen und hinteren Zarge befestigt: an der vorderen Zarge bündig mit der Unterkante, an der hinteren im Abstand von 10 cm von der Oberkante.
- Die Führungsleisten für die Schubladen werden aus je zwei

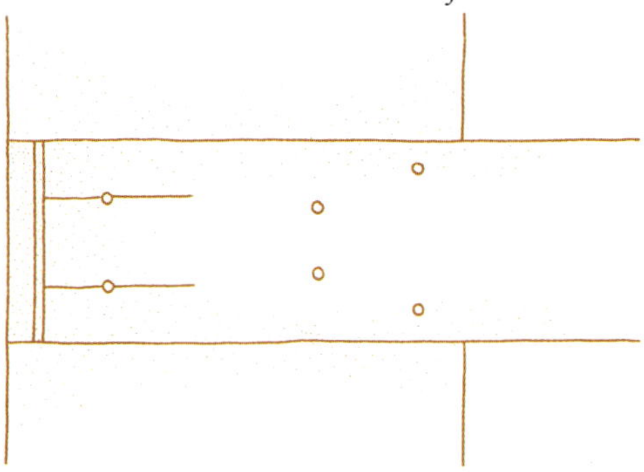

Leisten zusammengeleimt (siehe Zeichnung). Sie werden zunächst lose vorn und hinten auf die Stützleisten gesetzt und dort, nachdem die Schubladen eingeschoben worden sind, von unten mit Schrauben fixiert (siehe Seite 50).

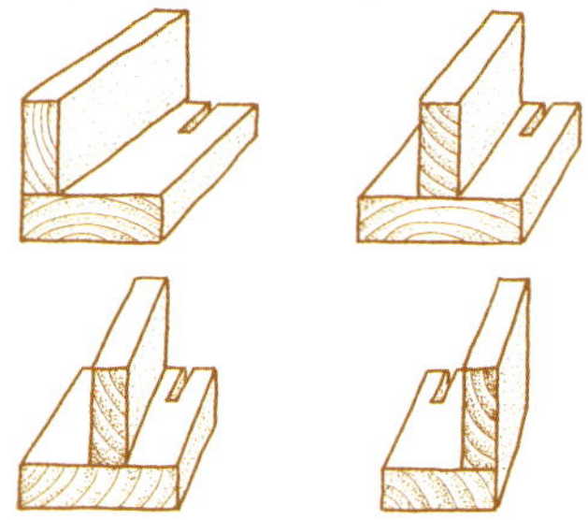

- Damit die Schubladenfronten mit der Zarge bündig abschließen, passen Sie hinten Anschlagleisten ein (Querschnitt 2 x 2 cm), die von unten durch die Führungsleisten mit Schrauben befestigt werden. Sie können die Anschlagleisten aber auch von hinten gegen die Hinterstücke der Schublade schrauben.
- Stellen Sie die Tischplatte her (siehe Seite 39ff.). Schleifen Sie den mittleren hinteren Bereich der Platte, der zwischen den Schubladenelementen sichtbar bleibt. Passen Sie die Platte zwischen die Seitenwände ein. Sie wird im hinteren Teil, etwa 5 und 10 cm vor der Rückwand, mit jeweils zwei Schrauben auf den Seitenzargen befestigt und in der vorderen Hälfte von unten durch Klemmklötze gehalten.
- Beim Zusammenbau der Schubladenblöcke gehen Sie vor wie beim Badezimmerschrank (siehe Seite 69, linke Spalte). Stapeln Sie immer Zwischenboden, Schublade und dünnen Kartonstreifen aufeinan-

Für die Einrichtung des oberen Teils gibt es bei diesem Sekretär viele Möglichkeiten: Schubladen, Fachböden, Trennwände – wandeln Sie den beschriebenen Entwurf nach Ihren Bedürfnissen ab.

der und probieren Sie, ob sich der Stapel zwischen Schreibplatte und mittlerem Fachboden einfügen lässt. Eventuell müssen Sie die Schubladen in der Höhe noch etwas nachschleifen.

- Zeichnen Sie auf den Außenseiten die Schraubpunkte zum Befestigen der Zwischenböden an. Bohren Sie die Versenklöcher, dann halten Sie mit der einen Hand den Zwischenboden und schrauben ihn mit der anderen von außen durch die Seitenwand fest.
- Verschließen Sie alle Versenklöcher mit Holzstopfen. Zum Schluss schleifen Sie alle Flächen und Kanten fertig, bevor Sie die Oberflächen behandeln.

Truhe

Wie der Name schon sagt: Truhen kann man tragen. Die Truhe ist das Urmöbel schlechthin, eine elementare Form, für fast jeden Zweck zu gebrauchen. In den Maßen entsprechend angepasst, kann sie als Tisch, Sitz, Phono-, CD-, Bücher-, Kleiderschrank, Weinkeller oder Bettzeugkiste dienen.
Die Abmessungen hier sind so gewählt, dass auch Aktenordner und Weinflaschen eingestellt werden können. Vielleicht schrauben Sie ein Leistengitter auf den Boden oder legen es einfach hinein, damit die Flaschen nicht miteinander kollidieren. Wie das Bett ist die

Truhe ein Stollenmöbel. Sie steht auf relativ hohen Beinen. Dies hat den Vorteil, dass sie nicht klotzig wirkt.

Schnittliste

Holzdicke 50 mm
4 Fußklötze, 7 x 9 cm

Holzdicke 30 mm
1 hinteres Deckelbrett,
10 x 76 cm
1 Deckelplatte, 37 x 76 cm
2 Verstärkungsleisten für die Deckelklappe, 5 x 35,5 cm
2 Griffe, Zuschnitt aus 6 x 35 cm (siehe Zeichnung)

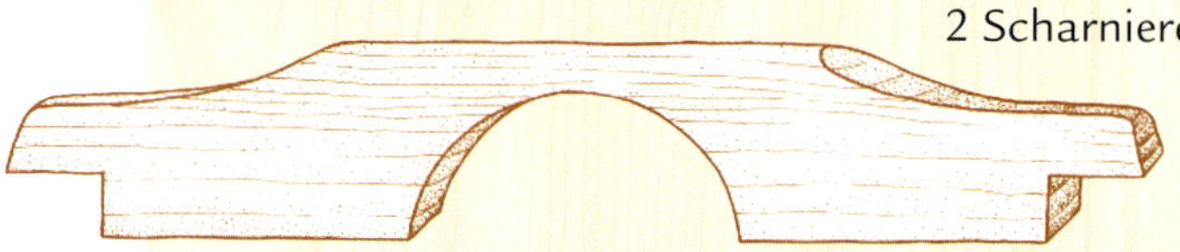

Holzdicke 20 mm
8 Leisten für die Beine, 7 x 44 cm
2 Seitenwände, 35 x 35 cm
Vorder- und Rückwand, jeweils 35 x 60 cm
1 Stützbrett unter dem Boden, 10 x 35 cm

Sperrholz, 3 mm
Boden, 36,5 x 57,5 cm

Weiteres Material
Schrauben, 3,5 x 35 mm
2 Scharniere (Kistenbänder)
Linsenkopfschrauben zum Befestigen der Scharniere

Bauanleitung

- Leimen Sie jeweils zwei Leisten für die Beine L-förmig zusammen. Schrauben Sie die Fußklötze, die die Bodenfreiheit der Truhe festlegen, innen in den Winkel. Beachten Sie, dass Sie ein rechtes und ein linkes Beinpaar brauchen: Jeweils die schmalen Schenkel des Winkels zeigen nach außen. Schleifen Sie die Außenseiten der Beine fertig.
- Stellen Sie die Seitenwände her. Für die Aufnahme des Sperrholzbodens stellen Sie 20 mm von der Unterkante entfernt 10 mm tiefe durchgehende Nuten her. Schleifen Sie die Seitenteile beidseitig. In die Vorderwand sägen Sie die Aussparungen für die Verstärkungsleisten der Deckelplatte. Der äußere Rand jeder Aussparung schließt bündig mit dem Bein ab.
- Die Seitenwände werden von innen in die Beinwinkel gesetzt. Wenn bei Ihrer Truhe die Wände höher als 35 cm sein sollen und Sie Zweifel haben, dass das Holz trocken genug ist, setzen Sie die Wände aus jeweils zwei oder drei Teilen zusammen, die Sie mit Sperrholzfedern trocken verbinden, um ein Reißen zu vermeiden.
- Legen Sie das vordere Beinpaar auf den Arbeitstisch und schrauben Sie die Vorderwand in den Winkel. Ebenso verfahren Sie mit dem hinteren Beinpaar und der Rückwand.
- Führen Sie den Sperrholzboden in die Nuten ein und montieren Sie die Seitenwände. Schon ist der Korpus fertig.
- Die Leisten für die Deckelklappe werden mit der Baumseite nach oben zusammengeleimt und geschliffen. Die Verstärkungsleisten werden zum Anschrauben vorgebohrt. Erweitern Sie die Bohrungen von oben mit einem 8-mm-Bohrer, damit die Schrauben Spielraum haben, wenn das Holz der Klappe arbeitet. Nicht anleimen! Um die Position der Leisten zu markieren, setzen Sie sie in die Aussparungen der Vorder- und der Hinterwand ein. Richten Sie die Platte darauf aus. Spannen Sie sie an den Enden mit Schraubzwingen fest. Markieren Sie von unten die Position des hinteren Teils der Platte auf dem Körper. Nehmen Sie die Platte ab und schrauben Sie die Leisten von unten an.
- Entscheiden Sie, wo die Scharnierfuge sein soll und sägen Sie die Platte entsprechend auf. Achten Sie dabei auf die bereits eingedrehten Schrauben. Der hintere Teil wird dann nur auf dem Korpus ausgerichtet und montiert, der vordere wird zur beweglichen Klappe.
- Schrauben Sie die Scharniere fest. Am einfachsten sind Kistenscharniere anzubringen. Ich empfehle, sie vorher anzuschleifen und mattschwarz oder auch andersfarbig zu lackieren, ebenso die Köpfe der Linsenkopfschrauben, mit denen die Scharniere befestigt werden. Kreuzschlitzschrauben sähen hier unschön aus.
- Vielleicht finden Sie auf einem Flohmarkt auch alte Scharnierbänder, die Sie mit der Drahtbürste entrosten und hinterher einfach ölen.
- Die Griffe sind mit das Wichtigste an dieser kleinen Truhe. Sie werden an den Seiten eingepasst und von innen angeschraubt. Hier haben Sie die Gelegenheit, ein schönes Stück Hartholz oder Buntholz zu

verwenden und so einen optischen Akzent zu setzen.

- Sägen Sie die Griffe zu und schrauben Sie sie fest. Wenn die Griffe einen halbrunden Eingriff haben sollen, belassen Sie sie zum Heraussägen mit der Stichsäge erst einmal in Arbeitslänge (etwa 40 bis 50 cm). Längen Sie die Leisten erst hinterher genau ab.
- Ein weiteres einfaches Gestaltungsmittel sind profilierte Leisten, die auf die Unterkanten der Wände zwischen die Beine gesetzt werden. Sie runden das Gesamtbild der Truhe ab.
- Schließlich muss der Truhendeckel im geschlossenen Zustand gesichert werden. Dazu schrauben Sie ein Holzklötzchen innen unter dem Deckel fest. Schließen Sie den Deckel und bohren Sie durch die Vorderwand und das Klötzchen ein Loch, in das Sie einen Sicherungsstift einschieben. Hier bietet sich weiterer Spielraum in der optischen Gestaltung.
- Zum Schluss werden alle Oberflächen fein geschliffen und geölt.

Mit Griffen, Profilleisten und einem Sicherungsstift aus andersfarbigem Holz lassen sich bei der Truhe optische Akzente setzen (hier: Zeder, Zypresse, Eibe).

Sitzmöbel

Die Bank – das Kommunikationszentrum

Sofabänke, Bänke für Esstisch oder Küche und Wintergarten, Hof und Garten (aus Lärchenholz) – Bänke sind kommunikativ, sie laden sprichwörtlich ein. Dieses massive, polsterfreie Sitzmöbel kann er-

staunlich bequem sein. Zum einen sind Sitz und Rückenlehne der Anatomie angepasst, zum anderen ermöglicht eine Bank stundenlanges ermüdungsfreies, »lebendiges« Sitzen. Man kann seine Haltung vielfältig verändern: aufrecht sitzen, sich hinlümmeln, darauf herumturnen oder ein Nickerchen halten. Auf den breiten Armlehnen (unter denen sich auch kleine Schubladen anbringen lassen) kann man Glas oder Teller abstellen oder ein Buch ablegen.

Die angegebenen Maße sind berechnet für eine mittlere Körpergröße und den Gebrauch als Sitz am Esstisch mit der Möglichkeit, sich auch mal bequem anzulehnen. Wenn Sie mehr Sitzplätze brauchen, berechnen Sie pro Person eine zusätzliche Länge von 50 cm.

Schnittliste

Holzdicke 50 mm
2 vordere Beine, Zuschnitt aus 17 x 67 cm (siehe Zeichnung ①)
2 hintere Beine, Zuschnitt aus 11 x 90 cm (siehe Zeichnung ②)

Holzdicke 30 mm
1 Stützleiste, 8 x 130 cm
1 Stützbrett, 12 x 40 cm
2 Seitenzargen, Zuschnitt aus 15 x 51 cm (siehe Zeichnung ③)
2 Armlehnen, Zuschnitt aus 15 x 62 cm (siehe Zeichnung ④)

Holzdicke 20 mm
1 vordere Zarge, Zuschnitt aus 15 x 130 cm (siehe Zeichnung ⑤)
für die Sitzfläche (Zuschnitt vor der Montage; siehe Zeichnung ⑥):
3 Bretter, zusammen 54 x 144 cm
für die Rückenlehne (Zuschnitt vor der Montage; siehe Zeichnung ⑦):
unteres Brett, 17 x 138 cm
mittleres Brett, 9 x 138 cm
oberes Brett, 25 x 138 cm

Weiteres Material
Schrauben, 3,5 x 50 mm

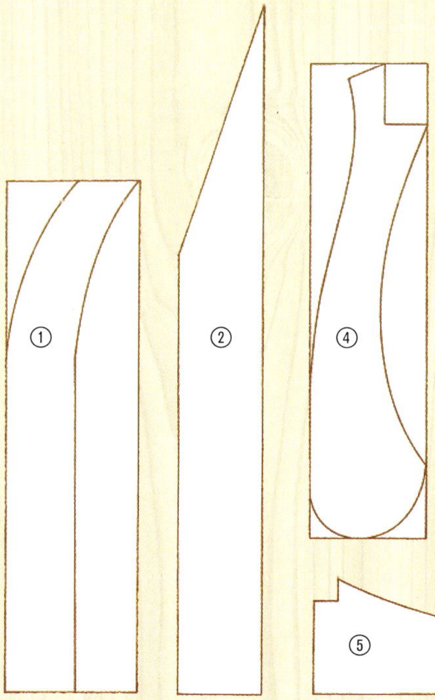

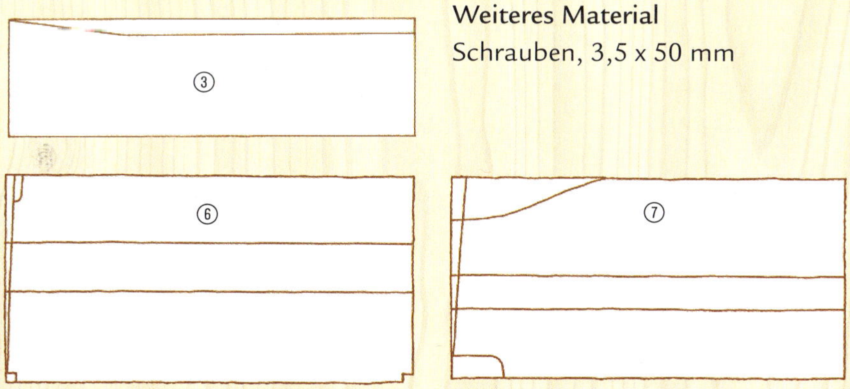

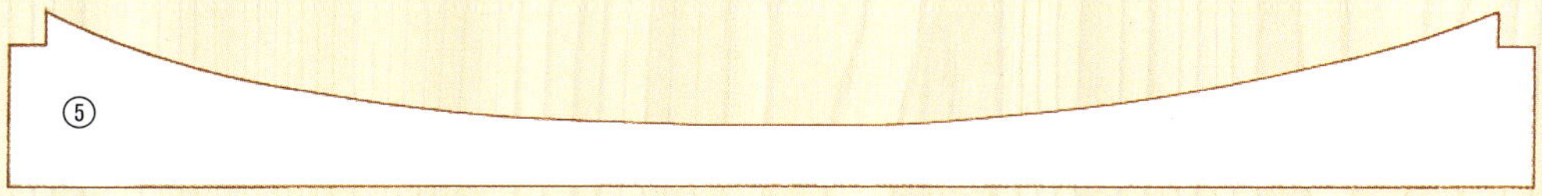

Bauanleitung

Gestell

- Sägen Sie alle Teile des Gestells zu. Beim Anzeichnen und Aussägen achten Sie darauf, dass beim Zusammenbau die Waldseiten der Bretter aufeinander liegen, z. B. bei den Seitenzargen und den hinteren Beinen. Das ist bei der Bank besonders wichtig, weil hier relativ breite Bretter verwendet werden.
- Die Armlehnen sägen Sie erst vor dem Einbau zu, ebenso die Bretter für Sitzfläche und Rückenlehne. Diese sollten ohne Kern sein, ihre Baumseiten zeigen zum Benutzer.
- Schleifen Sie alle Teile nach dem Zuschnitt. Die Schmalkanten der Bretter von Sitzfläche und Rückenlehne, wo später offene Fugen bleiben, hobeln Sie glatt und brechen die Kanten durch Schleifen. Außen liegende Schmalkanten bearbeiten Sie aber erst nach dem Zusammenbau.
- Die unteren Enden der Beine erhalten eine noch stärker als bei den übrigen Möbeln ausgeprägte Fase, damit das Holz nicht absplittert, wenn die Bank bewegt wird. Das hat außerdem einen optischen Vorteil: Die voluminöse Bank steht nicht klotzig auf dem Boden, sondern scheint zu »schweben«.
- Schneiden Sie die Seitenzargen zu. Die abgesägten schmalen Leisten werden mit der Schräge nach hinten auf die Innenseiten der Zargen geschraubt. Die stumpfen Enden der Leisten müssen mit den Vorderkanten der Zargen bündig sein. Die Leisten dienen als Auflage für die Stützleiste unter dem mittleren Brett der Sitzfläche.
- An den vorderen Beinen markieren Sie den obersten Punkt der Seitenzargen; Sie finden ihn, wenn Sie von der Sitzhöhe (etwa 45 cm, das müssen Sie ausprobieren) die Dicke des Sitzbretts abziehen. Legen Sie für jede Bankseite das vordere und hintere Bein so nebeneinander, dass die Standflächen auf einer Höhe liegen (siehe Abbildung oben rechts). Legen Sie die Seitenzarge auf und zeichnen Sie die Zargenunterkante auf der Innenseite des hinteren Beines an.
- Befestigen Sie die Zargen mit jeweils fünf Schrauben an den hinteren Beinen. Zuerst verbinden Sie die Teile mit einer Schraube in der Mitte, dann korrigieren Sie noch einmal den rechten Winkel zwischen Zarge und Bein. Drehen Sie die restlichen vier Schrauben ein, aber niemals zwei dicht hintereinander im gleichen Faserverlauf (siehe Zeichnung).

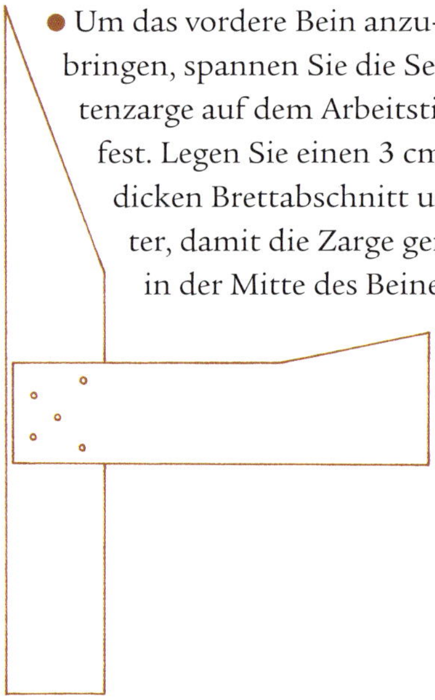

- Um das vordere Bein anzubringen, spannen Sie die Seitenzarge auf dem Arbeitstisch fest. Legen Sie einen 3 cm dicken Brettabschnitt unter, damit die Zarge genau in der Mitte des Beines ansetzen kann. Spannen Sie das Bein mit Schraubzwingen fest und schrauben Sie es an.
- Die Oberkante der vorderen Zarge muss die gleiche Schräge wie die Seitenzargen bekommen. Zeichnen Sie die Schräge auf den Stirnseiten

Anzeichnen der Seitenzargen: zunächst auf dem vorderen Bein Höhe der Oberkante anreißen, dann vorderes und hinteres Bein aneinander legen und Unterkante der Zarge auf der Innenseite des hinteren Beins markieren.

Befestigen der Vorderbeine: Seitenzarge auf dem Arbeitstisch festspannen (wegen der Auflageleiste auf der Innenseite entsprechend dicken Holzrest dazulegen), Vorderbein dagegenspannen und festschrauben.

der Zarge an und stellen Sie Ihre Kreissäge entsprechend ein. Wenn das Sägeblatt nicht schwenkbar ist, richten Sie die Winkelstellung mit einer auf dem Sägetisch festgespannten Winkelschablone ein (siehe Zeichnung; Anleitung zum Bau der Winkelschablone siehe rechts unten). Probieren Sie zunächst an Abfallholz, ob der Winkel stimmt. Wenn Sie nicht vorhaben, mehrere Bänke zu bauen, und Ihnen daher die Herstellung einer Winkelschablone zu aufwendig erscheint, nehmen Sie für den Schrägschnitt die Handkreissäge oder die Stichsäge mit entsprechender Einstellung und hobeln Sie anschließend die Schmalkante sauber.

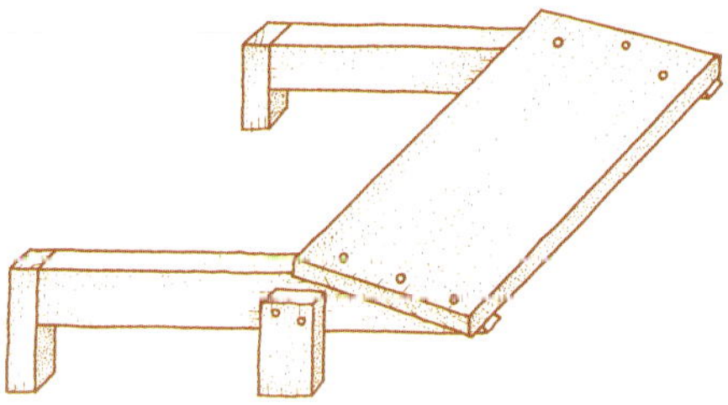

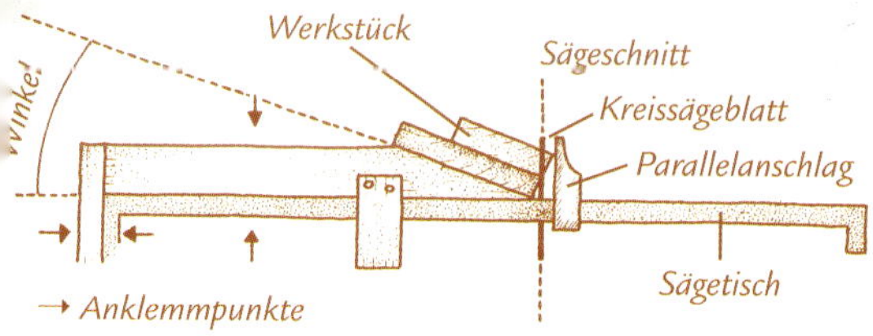

- In den unteren Ecken der vorderen Zarge zeichnen Sie die Ausschnitte für die Leisten der Seitenzargen an. Sägen Sie sie aus und stellen Sie die beiden Beinpaare auf dem Arbeitstisch auf, um die vordere Zarge und die Stützleiste unter dem mittleren Sitzbrett einzusetzen. Spannen Sie die ganze

Halten Sie die vordere Längszarge an, um den unteren Ausschnitt und die Schräge der oberen Kante zu prüfen.

Stützleiste und vordere Längszarge werden angeschraubt und mit einer langen Schraubzwinge festgespannt.

Konstruktion mit einer langen Schraubzwinge fest und prüfen Sie die Verbindungen auf Rechtwinkligkeit.

- Richten Sie das Gestell mit einem hochkant an beiden Vorderbeinen festgespannten Brett aus. Mit einem großen Winkel prüfen Sie, ob die Beine senkrecht stehen (siehe Abbildung). Dann schrauben Sie die vordere Zarge und die Stützleiste fest.

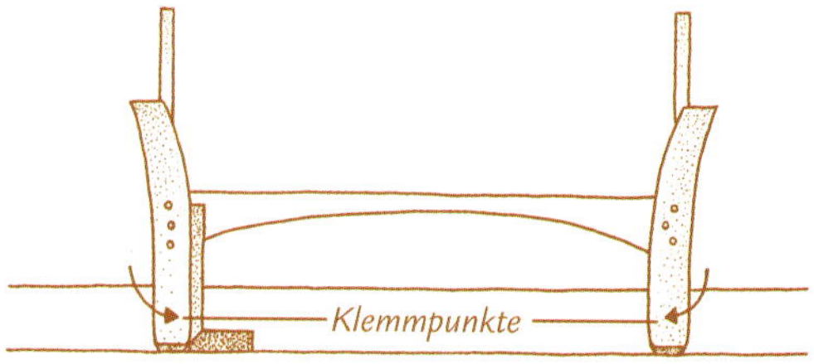

- Legen Sie das hintere Brett der Sitzfläche lose auf und spannen Sie das Stützbrett von unten so dagegen, dass es vorn über dem Scheitelpunkt des Bogens an die vordere Zarge anstößt. Dort wird es mit zwei Schrauben angeschraubt, ebenfalls auf der Stützleiste.

Das Stützbrett wird von vorn durch die Zarge und von oben auf der Stützleiste befestigt.

Bau einer Winkelschablone

- Benötigt werden 50 und 20 mm dicke Abfallleisten sowie ein 15 mm dickes Brett, etwa 12 cm breit und so lang wie der Sägetisch. Ideal für diesen Zweck wäre ein Reststück beschichteter Spanplatte.

- Sägen Sie die Leisten auf eine einheitliche Breite von 4 cm. Die Schemazeichnung veranschaulicht, wie Sie die Schablone zusammenbauen müssen (Zeichnung Seite 83 linke Spalte). Die Maße richten sich nach dem Format des Sägetisches.
- Schrauben Sie die Schablone direkt auf dem Sägetisch zusammen. Wichtig ist, dass sie im rechten Winkel zur vorderen Kante des Sägetischs angebracht ist und mit Schraubzwingen festgespannt wird, damit sie während des Schnitts nicht verrutscht.
- Bauen Sie zuerst die Leisten zusammen und spannen Sie sie fest. Dann schrauben Sie das glatte Brett so auf, dass es mit der abgerichteten rechten Kante das Sägeblatt, das zu diesem Zweck so weit wie möglich hochgestellt wird, berührt. Selbstverständlich müssen die Schrauben versenkt sein. Den Parallelanschlag stellen Sie auf die wegzuschneidende Kante ein.
- Beim Sägen kann es sein, dass der abgeschnittene Span wegfliegt. Stellen Sie sich also, wie möglichst auch sonst immer, auf den sicheren Platz links vom Sägeblatt.

Sitzfläche, Rücken- und Armlehne

- Beginnen Sie mit dem vorderen Brett der Sitzfläche. Es wird zwischen den vorderen Beinen eingepasst, aber noch nicht abgelängt. Korrigieren Sie die Breite, dass sie mit dem Knick in der Seitenzarge abschließt. Danach legen Sie das mittlere Brett auf, passen das hintere zwischen den hinteren Beinen ein, noch ohne es festzuschrauben, und zeichnen den Verlauf der Seitenkanten auf. Wie weit die Sitzfläche an den Seiten übersteht, entscheiden Sie nach eigenem Geschmack.
- Dann längen Sie die Bretter der Sitzfläche ab und schleifen die Schnittkanten vor allem dort, wo sie nach dem Einbau nicht mehr zugänglich sind. Montieren Sie die Sitzfläche mit versenkten Schrauben und verschließen Sie die Versenklöcher mit Holzstopfen.

- Um das untere Brett der Rückenlehne genau waagerecht anzubringen, schrauben Sie als Auflage zwei Leistenstückchen auf (Zeichnung), die später wieder entfernt werden.
- Bevor Sie die übrigen Bretter der Rückenlehne anbringen, passen Sie die Armlehnen ein. Übertragen Sie genau die Position der Armlehne vom Vorderbein, indem Sie ihre Ober- und Unterkante auf einer Leiste anzeichnen und die Markierung auf die Rückenlehne übertragen (Zeichnung).

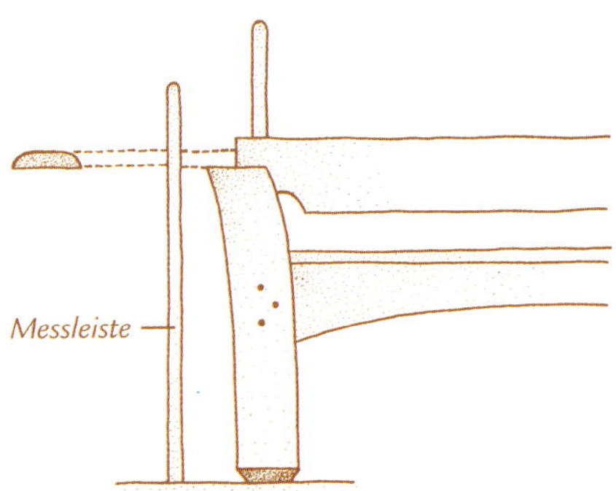

- Sägen Sie die Ausklinkung in dem unteren Brett der Rückenlehne mit der Pucksäge und der Stichsäge. Dann sägen Sie die Armlehnen zu und probieren aus, ob sie sich gut in die Ausklinkung einschieben lassen. Sie müssen sich fugenfrei von außen an die hinteren Beine drücken lassen, ohne ihre Position auf den vorderen Beinen zu verlieren.

Nachdem die Ausklinkung in die Rückenlehne gesägt ist, prüfen Sie, ob sich die Armlehne gut einpassen lässt.

- Fixieren Sie die Armlehne in dieser Position mit einer Schraube auf dem vorderen Bein, damit beim Anzeichnen nichts verrutscht; die Schraube wird danach wieder entfernt.

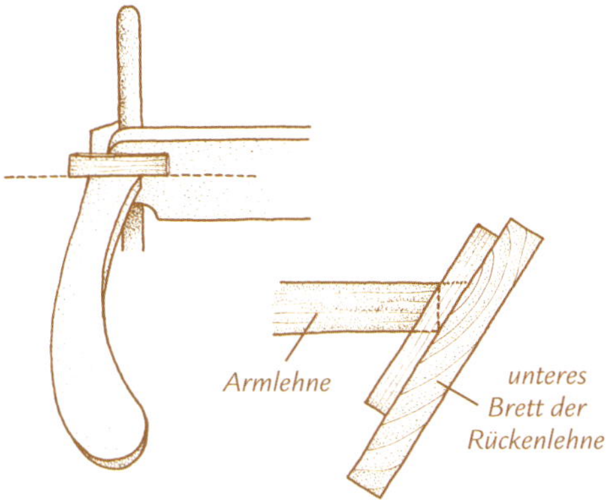

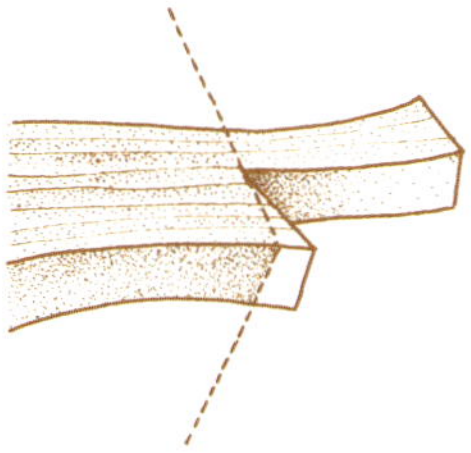

● Die Kante, mit der die Armlehne von vorn an die Rückenlehne anschließt, ist jetzt noch rechtwinklig. Halten Sie eine dünne Leiste waagerecht und in der Schräge an die Rückenlehne an und übertragen Sie die Linie der Rückenlehne auf die Armlehne (Zeichnung).

● Um die Schräge mit der Feinsäge zu sägen, spannen Sie die Armlehne hochkant ein, sodass Sie die Säge von oben führen können. – Dies ist einer der Fälle, wo man die gute alte Hobelbank mit ihrer Spannzange gut brauchen könnte. – Wenn Sie den Schlitten Ihrer Stichsäge schräg stellen können, umso besser. Mir erscheint es leichter, die Stichsäge, mit einer Kante des Sägeschlittens aufgesetzt, frei zu führen.

● Die Armlehnen müssen im Bereich der Rückenlehne jetzt schon den Endschliff erhalten, ebenso das untere Brett der Rückenlehne. Später sind diese Stellen nicht mehr zugänglich, werden aber vom Benutzer gern in Augenschein genommen, wenn er bewundert, wie die Armlehne aus der Rückenlehne »herauswächst«.

● Befestigen Sie die Armlehnen mit einer Schraube, die seitlich von außen in das hintere Bein geschraubt wird, und einer weiteren, die von hinten durch das Bein ins Stirnholz der Armlehne greift. Auf dem vorderen Bein befestigen Sie die Armlehne von oben, ebenfalls mit versenkten Schrauben.

● Jetzt fehlen nur noch die beiden restlichen Bretter der Rückenlehne. Verschließen Sie zum Schluss alle Versenklöcher mit Holzstopfen.

● Schleifen Sie Sitzfläche, Rücken- und Armlehnen. Besondere Sorgfalt lassen Sie den »Benutzerkanten« angedeihen, etwa den Armlehnen im Bereich der Handauflage und der Oberkante der Rückenlehne. Fast jeder Gast streicht mit den Händen über diese Stellen, bevor er sich zum ersten Mal auf der Bank niederlässt.

Beim Schleifen sollten vor allem die »Benutzerkanten« sehr sorgfältig bearbeitet werden, z. B. die Armlehnen im Bereich der Handauflage und die Oberkante der Rückenlehne.

Wenn die Abschrägung der Armlehne gut an die Rückenlehne anschließt, werden diese Bereiche fertig geschliffen.

Stuhl

Der Stuhl ist ebenso wie die übrigen hier vorgestellten Sitzgelegenheiten ein Massivholzmöbel. Obwohl er nicht gepolstert wird, bietet er ein angenehmes Sitzgefühl. Die Sitzfläche ist unter den Oberschenkeln ausreichend geschrägt. Um beim Sitzen Halt zu finden, ist die Rückenlehne so gewinkelt, dass (orthopädisch korrekt) die Lendenwirbel gestützt werden, was eine aufrechte Rückenhaltung zur Folge hat.
Das Bauprinzip dieses Stuhls und auch des folgenden Armlehnstuhls entspricht dem der Bank. Der einzige Unterschied: Der Grundriss des Sitzmöbels ist trapezförmig, die hinteren Beine stehen schräg. Daher müssen auch die vordere Zarge und die Auflage für die Rückenlehne abgeschrägt werden. Dieses Konstruktionsprinzip lässt sich natürlich auch beim Bau von Bänken anwenden.

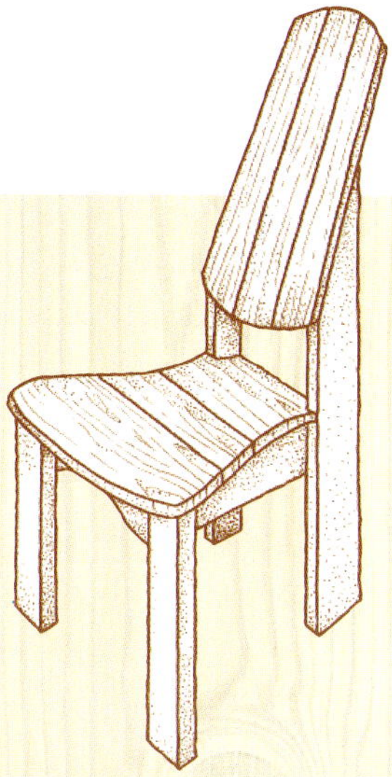

Schnittliste

Holzdicke 20 mm
2 vordere Stuhlbeine, 6 x 44 cm
2 hintere Stuhlbeine, Zuschnitt aus 7 x 82 cm (siehe Zeichnung ①)
2 Seitenzargen, Zuschnitt aus 9 x 38,5 cm (siehe Zeichnung ②)
1 vordere Zarge, Zuschnitt aus 9 x 33 cm (siehe Zeichnung ③)
1 untere Querleiste für die Rückenlehne, 5 x 16 cm
1 obere Querleiste für die Rückenlehne, 5 x 14 cm

Holzdicke 15 mm
für die Sitzfläche (Zuschnitt vor der Montage; siehe Zeichnung ④):
3 Bretter, zusammen 37 x 46 cm

für die Rückenlehne (Zuschnitt vor der Montage; siehe Zeichnung ⑤):
2 Außenbretter, 8 x 48 cm
1 mittleres Brett, 8,5 x 48 cm

Sperrholz, 3 mm
2 Federn für die Rückenlehne, 26 mm breit

Weiteres Material
Schrauben, 3,5 x 35 mm; 3,5 x 50 mm

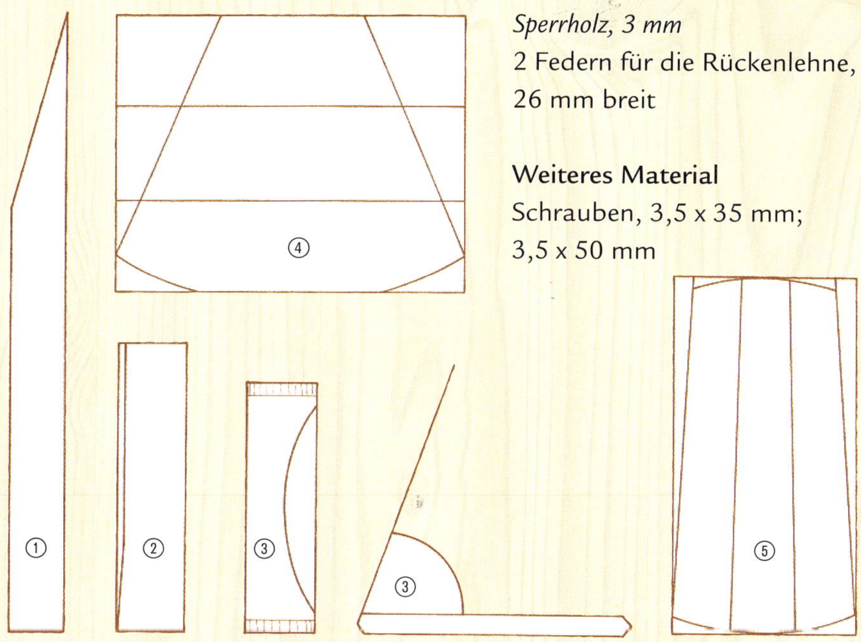

Bauanleitung

● Da der Grundriss des Stuhls trapezförmig ist, müssen die Enden der vorderen Zarge und die Schräge der hinteren Stuhlbeine winklig gesägt werden.

● Die Schräge der hinteren Stuhlbeine sägen Sie nach Augenmaß, sodass die Bleistiftlinie sichtbar bleibt, dann hobeln Sie die Beine auf der Abrichte bis auf die Linie herunter.

● Stellen Sie die Säge auf den benötigten Winkel ein oder verwenden Sie, wenn die Säge nicht schwenkbar ist, eine Winkelschablone (die Herstellung ist bei der Bank, Seite 83 linke Spalte, beschrieben). Dies ist zwar etwas aufwendiger, hat aber den Vorteil, dass die Winkeleinstellung jederzeit wieder verfügbar ist, ohne erneutes Einstellen und Justieren. Schließlich wollen Sie ja nicht nur einen Stuhl bauen.

● Sägen Sie die hinteren Stuhlbeine paarweise erst dann auf Länge, wenn Sie mit den Schrägschnitten fertig sind.

● Legen Sie die Stuhlbeine mit den Innenseiten nach oben nebeneinander auf den Arbeitstisch. Die Standflächen liegen auf einer Höhe. Bevor Sie die Seitenzargen zuschneiden, legen Sie eine quer über die Stuhlbeine, bündig mit dem oberen Ende der vorderen Beine. Zeichnen Sie auf den hinteren Stuhlbeinen die Unterkante der Zarge an (siehe Zeichnung).

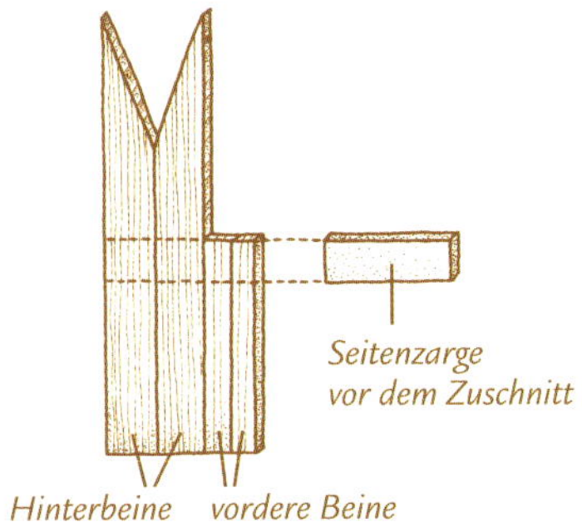

- Sägen Sie alle Teile des Gestells zu. Die an den Seitenzargen abgesägten Leisten werden, anders als bei der Bank, nicht mehr benötigt.

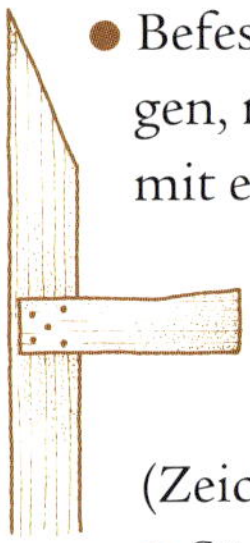

- Befestigen Sie die Seitenzargen, rechtwinklig und bündig mit einem Abstand von 3 mm zur hinteren Kante, zunächst an den hinteren Stuhlbeinen (Zeichnung).
- Sägen Sie die oberen Enden der Vorderbeine entsprechend der Schräge der Seitenzargen zu. Berücksichtigen Sie dabei die Dicke des Sägeschnitts; das Bein muss die volle Länge behalten. Diese Stelle muss später in jedem Fall noch bearbeitet werden, weil die Oberkante der Vorderbeine durch die Winkelstellung leicht schräg nach außen abfallen muss, wenn das erste Sitzbrett bündig aufliegen soll. Für diese Arbeit reicht der Bandschleifer.
- Legen Sie 2 cm dicke Stücke Abfallholz unter, spannen Sie die Seitenzargen auf dem Arbeitstisch fest und setzen Sie bündig mit der Oberkante die vorderen Stuhlbeine dagegen (siehe Zeichnung). Sie werden mit Leim und zwei Schrauben befestigt.

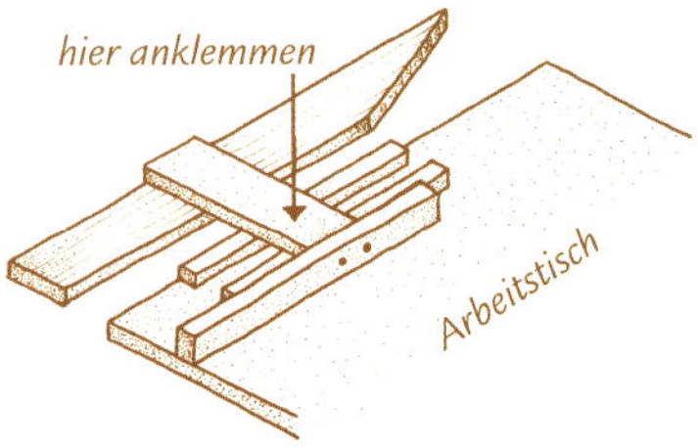

- Schneiden Sie die vordere Querzarge zuerst rechtwinklig zu. Um sie an beiden Enden winklig zu schneiden, benutzen Sie wiederum die Winkelschablone. Für den zweiten Winkelschnitt nutzen Sie den Parallelanschlag der Kreissäge und eine Hilfsleiste (Zeichnung).

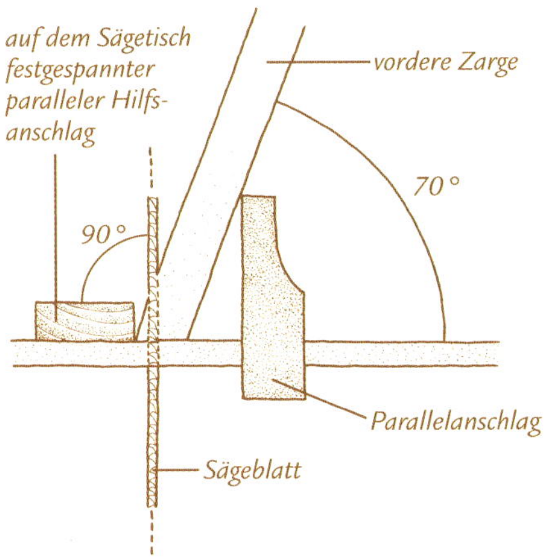

- Wenn Ihnen das zu schwierig erscheint, zeichnen Sie die Ecke an und schleifen Sie sie mit dem Bandschleifer weg.
- Nehmen Sie für den Kurvenschnitt die Stichsäge und schleifen Sie die sichtbaren Kanten der Querzarge.
- Nun setzen Sie die beiden Beinpaare und die vordere Zarge zum Gestell zusammen. Legen Sie ein Beinpaar auf dem Vorderbein auf, sodass Sie von oben schrauben können. Dann setzen Sie die Querzarge innen in die Ecke zwischen Stuhlbein und Seitenzarge und schrauben sie mit zwei Schrauben fest. Zusätzlich werden die schließenden Flächen eingeleimt. Da die Schrauben nahe an der Kante eingedreht werden, müssen Sie vorbohren. Stellen Sie dieses halbe Stuhlgestell aufrecht hin und verbinden Sie das zweite Beinpaar mit der Querzarge. Prüfen Sie mit dem Winkel, ob die Beine gerade dastehen.
- Um sicherzugehen, dass die Schrägen der hinteren Beine als Auflage für die Rückenlehne bündig laufen und die Beine im richtigen Winkel zueinander stehen, schrauben Sie ein etwa 15 x 22 cm großes Hilfsbrett quer darauf (Zeichnung unten). Damit es dicht auf den schrägen Schmalkanten sitzt, schrauben Sie das Brett zuerst nur an einem Bein mit einer Schraube fest, dann drücken Sie das andere – das Gestell ist ja noch ein wenig flexibel – in die richtige Position. So können Ungenauigkeiten beim Zuschnitt der Schrägen teilweise ausgeglichen werden. Jetzt prüfen Sie, ob die Hinterbeine senkrecht stehen, und fixieren das Gestell mit zwei weiteren Schrauben im Hilfsbrett.

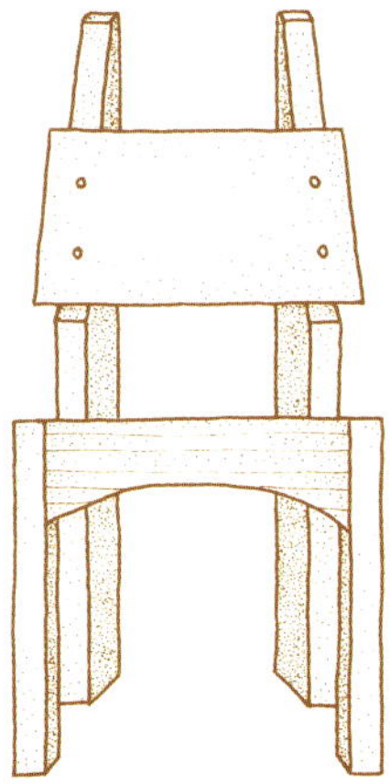

● Sie haben sicher festgestellt, dass die zuletzt geschilderten Arbeiten etwas umständlich vonstatten gingen. Vielleicht mussten Sie sich dazu sogar noch einen Helfer holen, da der Mensch nun einmal keine drei Hände hat. Weil Stühle jedoch meist in Serie gefertigt werden, können Sie sich die Arbeit bei weiteren Stühlen durch eine Schablone stark vereinfachen. Wie eine solche Schablone hergestellt wird, ist weiter unten erklärt.

● Schleifen Sie die Bretter für die Rückenlehne. Sie werden an den abgerichteten und leicht gefasten Stoßkanten 15 mm tief im Tauchschnitt genutet und mit Sperrholzfedern verleimt. Die Außenkanten werden abgerundet (Zeichnung).

● Passen Sie das hintere Brett der Sitzfläche ein und schleifen Sie alle Bretter der Sitzfläche, bevor Sie sie mit Schrauben und Leim befestigen. Die Sitzfläche kann aus zwei oder drei Teilen bestehen. Das vordere Brett sollte im Sitzknick der Seitenzarge enden.

● Da nach der Befestigung der Sitzfläche die Stellung der Beine endgültig fixiert ist, kann das Hilfsbrett von der Schräge der hinteren Beine weggenommen werden.

● Stellen Sie eine doppelte Querverbindung zwischen den hinteren Beinen her, die gleichzeitig als Auflage für die Rückenlehne dient. Diese zwei Querleisten verlaufen bündig mit den Schrägflächen. Zeichnen Sie die Positionen der Querleisten auf den Schrägen der hinteren Beine an (Zeichnung).

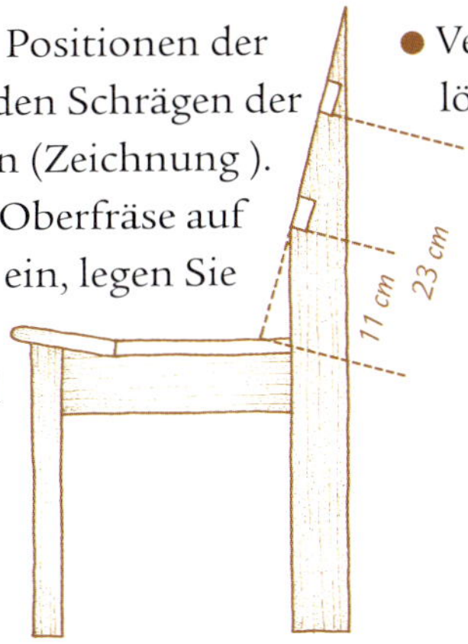

● Stellen Sie die Oberfräse auf 10 mm Frästiefe ein, legen Sie den Stuhl auf den Rücken und fräsen Sie die Aussparungen für die Querleisten aus. Setzen Sie die Querleisten probeweise ein und zeichnen Sie ab, wie die Falze gesägt werden müssen, damit die Leisten bündig mit den Schrägflächen abschließen. Die Leisten werden dann mit der Feinsäge zugeschnitten (Zeichnung) und nur eingeleimt; Schrauben würden bei der Montage der Rückenlehne stören. Lassen Sie die Leisten nach außen ein wenig vorstehen und schleifen Sie dann den Überstand mit dem Bandschleifer bündig zu den Außenflächen der Beine.

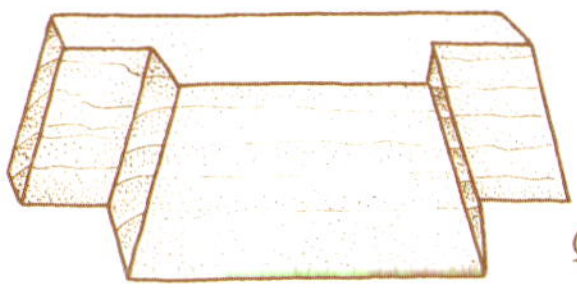

Querleiste

● Schleifen Sie die Rückenlehne im unteren Bereich fertig, bevor Sie sie befestigen; bearbeiten Sie vor allem die Rundung und das Profil unten. Der obere Bereich lässt sich leichter schleifen, wenn die Lehne montiert ist. Vergessen Sie nicht die Rückseite; einen Stuhl betrachtet man meistens von hinten (Zeichnung).

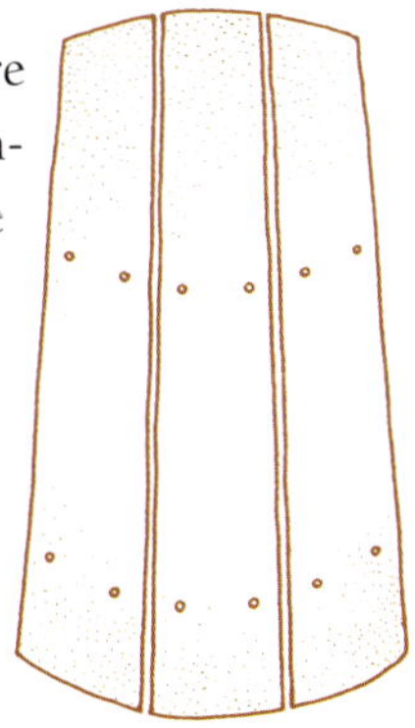

● Verschließen Sie alle Versenklöcher, dann schleifen Sie alle Flächen ein letztes Mal und behandeln die Oberfläche.

Konstruktion des Stuhlgestells von unten. Am schwierigsten ist das Einpassen der vorderen Querzarge. Das vordere Sitzbrett endet im Knick der Seitenzargen.

Zwei Querleisten verbinden die hinteren Stuhlbeine im oberen Bereich und dienen gleichzeitig als Auflage für die Rückenlehne.

Trotz seiner schlanken Form ist der Stuhl ein stabiles Sitzmöbel.

Die Formgebung der Sitzfläche und die Schräge des Rückenlehne ermöglichen ein bequemes Sitzen.

Schablone für die Stuhlmontage

Sie benötigen:

- 1 Pressspanplatte, 18 mm dick, 60 x 60 cm
- 6 Brettstücke (Reste oder Abfall), 50 mm dick, etwa 14 cm breit, höchstens 35 cm lang
- Schrauben, 3,5 x 50 mm

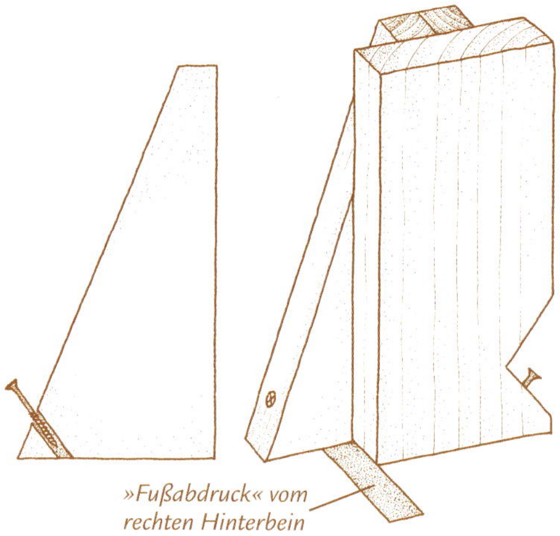

- Auf die Platte wird eine Schablone aufgeschraubt, an der die beiden hinteren Beine im richtigen Winkel zueinander und genau senkrecht mit Schraubzwingen festgespannt werden können. Damit fällt es leichter, die vordere Zarge einzubauen und den Stuhl fertig zu stellen.
- Stellen Sie den ersten Stuhl wie oben beschrieben mittig auf die Platte. Richten Sie ihn so aus, dass die Vorderkanten der Vorderbeine noch einen Abstand von etwa 2 cm zur Vorderkante der Platte haben.
- Stellen Sie jeweils ein Brettstück hochkant mit der Schmalseite von hinten gegen die Hinterbeine, bündig abschließend mit der hinteren Kante. Spannen Sie beide Brettstücke mit Schraubzwingen an den Hinterbeinen fest und zeichnen Sie sowohl die Position der hinteren Stuhlbeine als auch der Brettstücke auf der Grundplatte auf. Nehmen Sie die Schraubzwingen weg und schrauben Sie jeweils drei Brettstücke so zusammen, wie es die Skizze angibt (Zeichnung rechts).
- Schrauben Sie die beiden Halterungen so auf die Grundplatte, dass die ersten Brettstücke genau auf der angezeichneten Position stehen. Wenn Sie die übrigen Bretter vor dem Zusammenbau wie skizziert zugesägt haben (Zeichnung oben), können Sie die Schrauben schräg in die Grundplatte drehen. Bohren Sie dazu vor.
- Stellen Sie das Ganze umgekehrt auf den Arbeitstisch und schrauben Sie die Schablonenteile von unten durch die Platte noch einmal fest, mit je zwei Schrauben in jedes Brett.
- Wenn Sie jetzt noch die Grundplatte in der Mitte mit einer kräftigen Schraube drehbar auf dem Arbeitstisch festschrauben, haben Sie eine komfortable Arbeitsplattform für die Stuhlfabrikation.

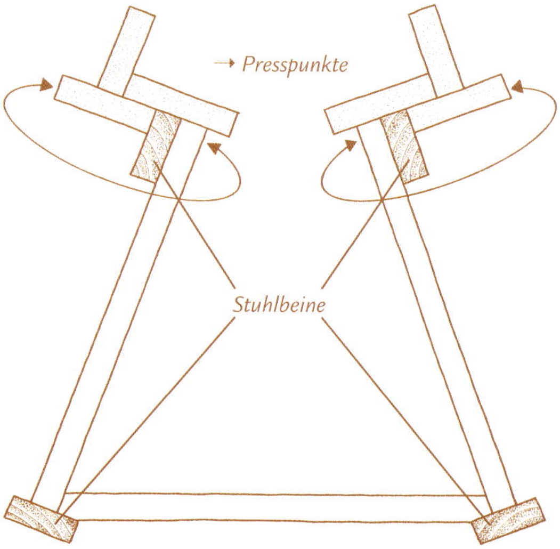

Armlehnstuhl

Dieser Armlehnstuhl wurde für die Zimmer- und Restaurantmöblierung eines Wellness-Hotels entwickelt.
In ihm gerät Sitzen zur »Throngebärde«, deshalb wurde er etwas ironisch »Pharao« genannt. Man sitzt in dem großrahmigen Stuhl erstaunlich bequem und kann die Sitzposition gut verändern. Das abgebildete Modell ist aus gedämpfter Buche.

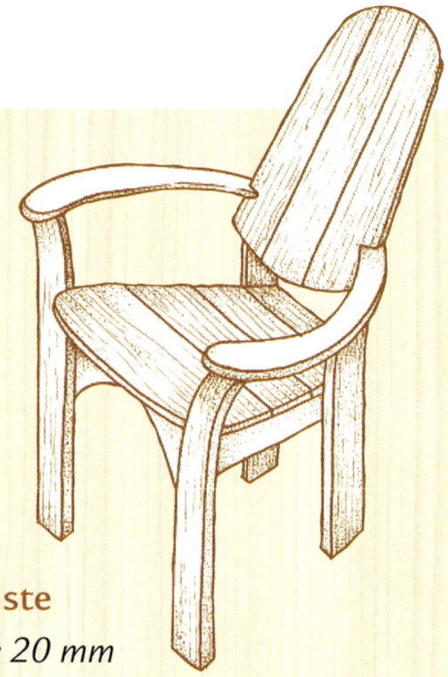

Schnittliste

Holzdicke 20 mm
2 vordere Stuhlbeine, Zuschnitt aus 11 x 62 cm (siehe Zeichnung ①)
2 hintere Stuhlbeine, Zuschnitt aus 8,5 x 83 cm (siehe Zeichnung ②)
2 Seitenzargen, Zuschnitt aus 12 x 47 cm (siehe Zeichnung ③)
1 vordere Zarge, Zuschnitt aus 12 x 47 cm (siehe Zeichnung ④)
für die Rückenlehne:
1 obere Stützleiste, 5 x 29 cm
1 untere Stützleiste, 5 x 30,5 cm
2 Armlehnen, Zuschnitt aus 12 x 55 cm (siehe Zeichnung ⑤)

Holzdicke 15 mm
für die Sitzfläche:
3 Bretter, zusammen 50 x 55 cm
für die Rückenlehne:
3 Bretter, Zuschnitt aus jeweils 12,5 x 50 cm

Sperrholz, 3 mm
2 Federn für die Rückenlehne, 36 mm breit

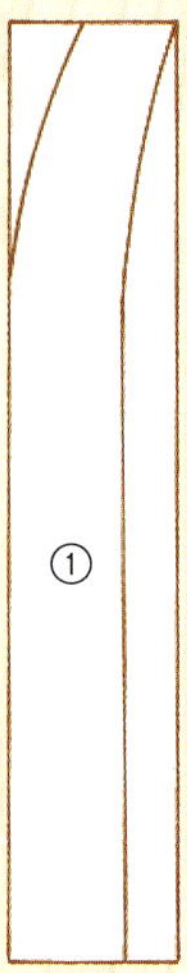

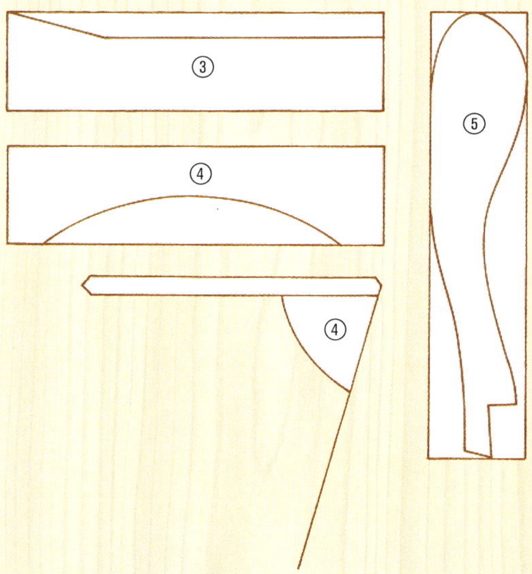

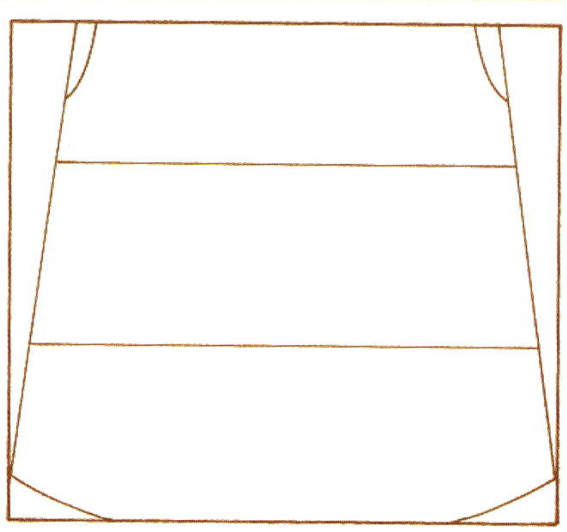

Bauanleitung

Zum Bau des Armlehnstuhls folgen Sie der Bauanleitung für den Stuhl (siehe Seite 87ff.). Die Montage der Armlehne ist bei der Bank (siehe Seite 84f.) beschrieben. Weil die Rückenlehne breiter ist als beim Stuhl, nuten Sie die Bretter etwa 20 mm tief für die Sperrholzfedern, die hier trocken eingesetzt werden.

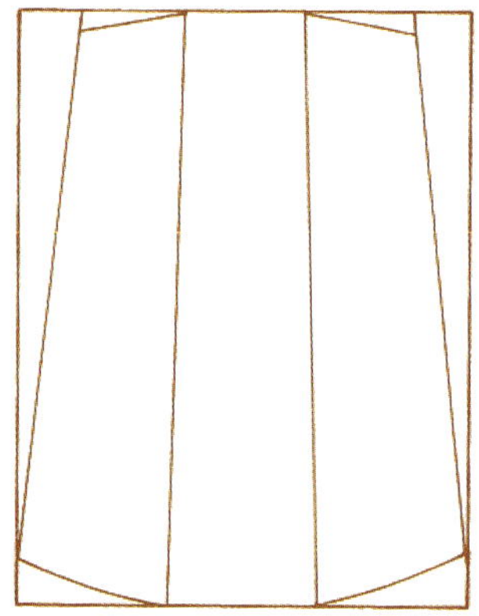

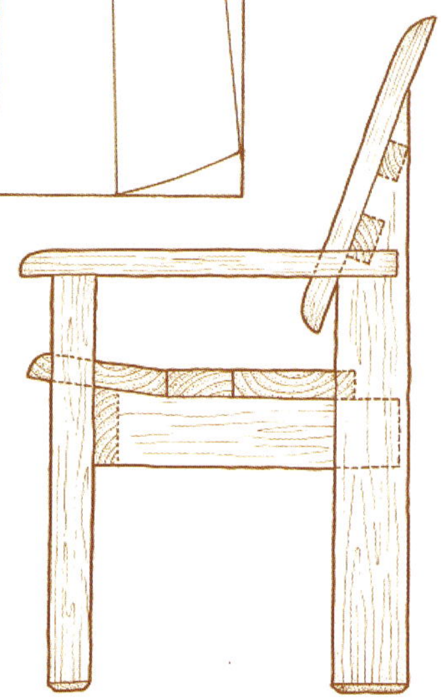

Der Armlehnstuhl unterscheidet sich in der Konstruktion kaum vom Stuhl, hat aber eine breitere Rückenlehne.

Anhang

Holznägel

Verbindungstechnik für Massivholzmöbel

Zu Beginn dieses Buches wurde darauf hingewiesen, dass anstelle der Kreuzschlitzschrauben auch Holznägel verwendet werden können. Vom Arbeitsvorgang her ist diese Verbindungstechnik im Großen und Ganzen dieselbe.

Holznägel können anstelle von Schrauben als Verbindungsmittel verwendet werden. Man kann sie leicht selbst auf Vorrat herstellen.

Nachteile, die eigentlich keine sind

Holznagel mussen Sie selbst anfertigen. Sie können sie aber auch bei mir bestellen (Bestelladresse siehe Seite 96). Für die Verbindungen des Werkstücks gibt für eine kurze Arbeitsphase allein die Verleimung ausreichenden Halt. Durch das Einschlagen der Holznägel dürfen sich die Verbindungen nicht lösen; sie sollten daher durch Schraubzwingen oder Schrauben gesichert werden. Die Arbeitszeit wird dadurch etwas länger.

Vorteile, die neue Möglichkeiten eröffnen

Mit Holznägeln haben Sie die Möglichkeit, ein komplett eisenfreies Massivholzmöbel herzustellen.
Sie können die Holznägel für den Eigenbedarf vorproduzieren und brauchen keine Schrauben zu kaufen.
Es entstehen Möbel mit charakteristischen Stirnholzflecken, die zu Recht einen handwerklich originären und stabilen Eindruck machen.
Holznägel können zu einem Stilmerkmal werden durch ihre Anordnung, durch die Verwendung verschiedener Größen, durch Betonung bei Verwendung kontrastierender Hölzer oder Verleimung von verschiedenen Hölzern für die Leisten, aus denen Holznägel entstehen.

Herstellung und Anwendung

Handwerklich Interessierte kennen Holznägel vom Fachwerkbau oder von sehr alten Möbelstücken. Das sind zylindrische oder leicht konisch zulaufende Holzstifte, die in das Holz hineingekeilt werden. Bei Möbeln besteht die Gefahr, dass diese Stifte aufgrund ihrer Form das Holz reißen lassen oder auf Dauer locker werden.
Daher haben die hier verwendeten Holznägel eine spezifische Form. Der Schaft verjüngt sich in der Mitte, das verhindert ein Aufplatzen. Spitze und Kopf des Nagels werden eingeleimt und verkeilt, so entsteht eine dauerhaft stabile Verbindung.

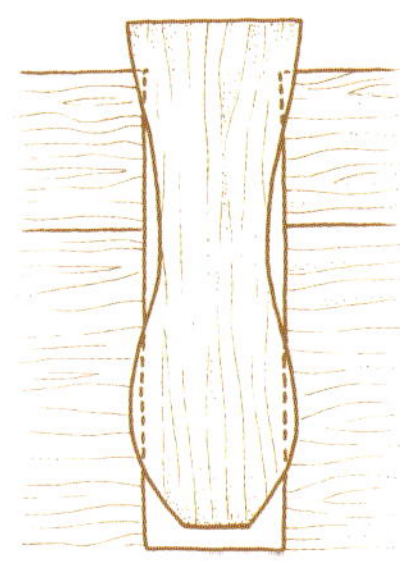

Für Bohrlöcher mit 8 mm Durchmesser stellen Sie die Nägel aus einer Quadratleiste (Querschnitt 10 x 10 mm) mit Säge und Bandschleifer her. Der Bandschleifer wird stationär benutzt. Arbeitslänge für die Nägel: 30–40 cm.
Die Teile des Möbelstücks werden mit Hilfe von Schraubzwingen stumpf verleimt. Voraussetzung: nicht zu kleine Leimflächen, sichere Holzdicken. Während der Leim noch offen ist, sind leichte Korrekturen möglich. Die Teile können auch zunächst durch Schrauben fixiert werden.
Die Löcher für die Aufnahme der Holznägel werden mit einem schar-

fen Dübelbohrer mit Zentrierspitze gebohrt. Das Loch muss sicherheitshalber etwas tiefer sein, als der Holznagel lang ist.
Mit einem dünnen Holzspan streichen Sie die Innenseite des Bohrlochs mit Leim ein. Tauchen Sie den Holznagel mit der Spitze in den Leim, dann wird er mit dem Hammer eingeschlagen, bis das Schaftende durch seine konische Form das Loch vollständig ausfüllt.
Der überstehende Kopf wird mit einer kleinen Feinsäge (Pucksäge) abgeschnitten und mit dem Bandschleifer mit der Umgebung bündig geschliffen.
Die Abstände der Holznägel müssen ausreichend groß sein. Wie bei jeder Verletzung des Holzes sind zu dicht aufeinander folgende Unterbrechungen der Längsfasern zu vermeiden.

Wenn Gartenmöbel im Winter stabil bleiben sollen, müssen sie gute mechanische Verbindungen haben, also möglichst ohne Verleimungen auskommen. Geeignete Hölzer für den Außenbereich sind Douglasie, Lärche und Eiche. Die Füße sind auf Kunststoffplättchen zu stellen, damit sie immer wieder austrocknen können. Für die Oberflächenbehandlung eignet sich eine diffusionsoffene Lasur.

Stichwortverzeichnis

Bezugsadressen

Holz

Baumärkte sind für einfache Holzsorten die erste Anlaufadresse.

In Holzhandlungen und Sägewerken haben Sie in aller Regel die größere Auswahl. Dort können Sie die gewünschten Hölzer auch bestellen.

Für das für Einsteiger besonders empfohlene Holz der Weymouthskiefer kenne ich zwei Sägewerke im Odenwald:

Firma Burkhardt
69151 Neckargemünd
Tel. 0 62 23/20 17
Fax 0 62 23/7 24 29

Firma Monheimer
64689 Grasellenbach
Tel. 0 62 07/60 08 80
Fax 0 62 07/60 08 88

Scharniere/Bänder

Zylinderband (Prämeta), vermessingt, 50 mm: in Metallwarengeschäften oder Heimwerkermärkten.

Schrauben

Kreuzschlitzschrauben (Spax) erhalten Sie in jedem Baumarkt. Kaufen Sie keine billigen, brüchigen Spanplattenschrauben, deren Kopf beim Einschrauben leicht abbricht.

Stopfen und Holznägel

Hjalmar Kause, Liebigstr. 14, 35325 Mücke, Tel. 0 66 45/91 96 50, Fax 0 66 45/91 96 52. Bei Bestellung Lochdurchmesser und Holzart angeben (Preisliste anfordern). www.hjalmars-möbel.de

Hjalmar Kause

Jahrgang 1948. Studium der Germanistik und Philosophie. Als Tischler Autodidakt. Seit über 20 Jahren Massivholzmöbelbau. Einzelanfertigungen, Design und Einrichtungen von Privatwohnungen, Arztpraxen, Tagungshäusern, Hotels. Erarbeitung eines stilistisch geschlossenen vollständigen Möbelprogramms. Autorentätigkeit mit zeitkritische Glossen, Kurzprosa, Vorträgen und Aufsätzen zu den Themen Design, Möbelpsychologie und Massivholzmöbelbau. Lebt und arbeitet im hessischen Vogelsberg.

Ich danke meiner Frau Annegret und meinem Freund Thomas, deren Geduld dieses Buch möglich gemacht hat.

Die Deutsche Bibliothek –
CIP-Einheitsaufnahme

Ein Titeldatensatz für diese Publikation ist bei Der Deutschen Bibliothek erhältlich.

Fotografie: Ralf Mulks, Lauterbach
und Hjalmar Kause, Mücke
Illustrationen: Hjalmar Kause, Mücke

Lektorat: Günter Wiegand, Wiesbaden
Umschlagkonzeption:
Kontrapunkt, Kopenhagen
Umschlaglayout: Jörg Alt
Layout: Anton Walter, Gundelfingen

AUGUSTUS VERLAG, München 2001

Satz: Gesetzt aus 10,5 Punkt ITC Legacy Serif
von DTP-Design Walter, Gundelfingen
Reproduktion: Typework, Augsburg
Druck und Bindung: Offizin Andersen Nexö,
Leipzig

Gedruckt auf 115 g umweltfreundlich
elementar chlorfrei gebleichtes Papier.

ISBN 3-8043-0729-9

Printed in Germany